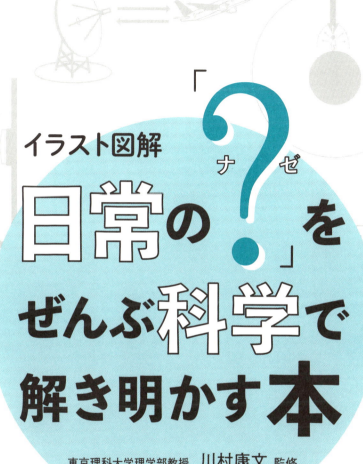

イラスト図解

日常の「ナゼ?」を ぜんぶ科学で 解き明かす本

東京理科大学理学部教授　川村康文 監修

はじめに

　朝、起きてまずやることはなんですか？　テレビをつけてニュースを見ながらスマホで天気予報をチェックする。冷蔵庫から食材を取り出して調理しながら、洗濯機を回す。起きて数十分の行動の中でも、私たちは知らぬ間に科学の力を使っています。

　テレビも炊飯器も洗濯機も、家電は文字通り科学技術のたまものです。天候がわかるのも、洗剤で汚れが落とせるのも科学の力です。もっといえば、冷蔵庫の中で食材が腐らない理由や、人間が朝になると目が覚める理由だって科学で説明できてしまいます。私たちの日常には科学があふれているのです。

　しかし、そうした科学のしくみをどれほど理解しているでしょう。「スマホはどうやって通信しているんだろう？」「飛行機はなぜ飛べるんだろう？」と、ふと疑問に思うことはあっても、いざ調べてみると、小難しい理論や数式がずらずら出てきて「文系の私にはきっと理解できないんだろうな……」とあきらめてしまった人は少なくないでしょう。

でも、安心してください。実は、身のまわりの科学技術や自然現象を理解するのに、小難しい理論や公式はほとんど必要ありません。電気だって電子だって、意外と人間が直感的に理解できたり、身近な現象にあてはめて考えたりできるくらい単純なものなのです。

　本書は、日常でふと疑問に思う「ナゼ？」を取り上げ、わかりやすい科学の知識とたくさんの図表を使ってやさしく解説しています。ご一読いただければお子さまに「なんで？」と問われても、納得してもらえる説明ができるようになるはずです。

　科学のしくみを知っていれば家電を新しいものに買い替えるときの目線が変わったり、扱い方が変わったりするかもしれません。飛行機が飛べる理由のようにしくみがわかることで安心できることもあるでしょう。

　本書を通して、日常で接している科学技術や自然現象のしくみを理解し、「ナゼ？」を解消する楽しさを感じてもらえれば幸いです。

東京理科大学理学部教授
川村 康文

日常の「？」をぜんぶ科学で解き明かす本

はじめに ……………………………………………………………… 2

第1章　身のまわりの家電の科学

電子レンジで食べ物が温まるのはなぜ？ ……………………… 10
冷蔵庫はどうやってものを冷やしているの？ ………………… 13
テレビの映像はどうやって映し出されているの？ …………… 16
LEDはどんなしくみで光る？　なぜ省エネといわれるの？ … 19
体脂肪計は体の中の脂肪をどうやって測定している？ ……… 22
気温が高くても扇風機の風にあたると涼しくなるのはなぜ？ …… 25
ノイズキャンセリングヘッドホンはなぜ音を消せる？ ……… 28
コピー機が原稿と同じものを印刷できるのはなぜ？ ………… 31
コンセントはどうしてあの形なの？ …………………………… 34

第2章　家の中で見つかる科学

洗剤を使うと油汚れが落ちるのはどうして？ ……………… 38
紙おむつがたくさん水分を吸収してももれないワケは？ ……… 41
IHクッキングヒーターはなぜ火を使わずに料理ができるの？ …… 44
くもらない鏡はどうしてくもらないの？ ………………………… 47
金属に触れるとひんやりするのはなぜ？ ………………………… 50
消せるボールペンはなぜ書いた文字が消せるの？ ……………… 53
瞬間接着剤が「一瞬」でくっつくのはなぜ？ …………………… 56
食べ物はどうして腐る？　腐るってどういうこと？ …………… 59
抗菌加工製品の「抗菌」ってどういうこと？ …………………… 62

第3章　乗り物・外で見かける科学

巨大な飛行機が空を飛べるのはなぜ？ ……………………………… 66
鉄のかたまりの重い船が水に浮くのはどうして？ ……………… 69
リニアモーターカーが超高速で走れるしくみは？ ……………… 72
電気自動車はガソリン車となにが違うの？ ……………………… 76

どうして電車が急に止まると体は倒れそうになるの？……… 80
交通系ICカードはかざすだけでなぜ使えるの？ …………… 83
電線にとまっている鳥はなぜ感電しないの？………………… 86
使い捨てカイロはどんなしくみで温かくなるの？…………… 89
花火のようなカラフルな火はどうやってつくるの？………… 92

第4章　ハイテク技術に秘められた科学

スマホはどんなしくみで通話や通信をしているの？ …………… 96
タッチパネルはどうやって指の動きに反応している？………… 100
デジタルカメラはどんなしくみで写真が撮れるの？ ………… 103
GPSで自分の位置がわかるのはどういうしくみ？ …………… 106
USBメモリーはどうやってデータを保存しているの？ ……… 109
2次元コードの模様にはなにが入っているの？ ……………… 112
顔認証はどうやって本人の顔を見分けている？ ……………… 115
ステルス戦闘機はどんなしくみで「見えない」の？ ………… 118

第5章 人の体と病気の科学

明るいときは元気なのに夜になると眠くなるのはなぜ？ …… 122
冷たいものを急に食べると頭がキーンとするわけは？ ……… 125
どうして蚊に刺されても痛くないの？ …………………………… 128
寒いときや怖いときに鳥肌が立つのはどうして？ …………… 131
なぜ血液型にはいくつも種類があるの？ ……………………… 134
どうして病気はうつるの？ 細菌とウイルスはどう違う？ …… 137
飲んだ風邪薬はどうして効くの？ ……………………………… 140
がんってなに？ どんな病気なの？ …………………………… 143
レントゲンでどうして体の中が見えるの？ ……………………… 146

第6章 自然と宇宙の科学

どうして空は青いの？ 夕方は赤くなるのはなぜ？ ………… 150
雷はどうして起こるの？ ………………………………………… 153
日本にはどうして梅雨があるの？ ……………………………… 156

海の満ち潮と引き潮はどうして起こるの？ …………………… 159
海の塩はどこからきているの？ ……………………………… 162
日本ではなぜこんなに地震が起こるの？ …………………… 165
月を見るとなぜいつもウサギが見えるの？ ………………… 168
何億光年も離れた星のことがわかるのはなぜ？ …………… 171

この本に登場する人物

【 先生 】
科学館で児童向けの実験教室を開催している先生。最新テクノロジーから自然現象まで科学に幅広く精通している。

【 リカちゃん 】
科学館の近くに住む小学6年生。身近なことに疑問を持つと、解明せずにはいられない好奇心旺盛な性格。

第1章 身のまわりの家電の科学

電子レンジで食べ物が温まるのはなぜ？

さあ、お昼ご飯にしよう。お弁当は持ってきた？冷めているだろうから、電子レンジでチンして食べよう。

食べ物がすぐに温められるなんて、電子レンジは便利よね。でも、火を使うわけでもないのにどうして食べ物が温められるのかな？

電子レンジは、マイクロ波という電波で摩擦熱を起こして温めているよ。電波で食べ物の中の水分を振動させると熱が出るんだ。

電子レンジは摩擦熱で食べ物を温める

電子レンジはもはや私たちの生活に欠かせない調理家電のひとつで、時短で料理がつくれる「レンチンレシピ」もたくさん出回っています。そのメカニズムは寒い冬、手のひらをこすり合わせて暖をとるのと同じ。つまり、摩擦熱を使って温めています。

電子レンジにとっての手のひらは「電磁波」です。電磁波は波のように上がったり下がったりして振動していて、波長（波の山と山の距離）によって分類されています。電子レンジに使われる2.45GHzの電磁波はマイクロ波とも呼ばれ、非常に細かく振動します。その回数はなんと1秒間に24億5,000万回。

水の分子にはプラスとマイナスがある

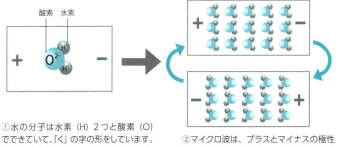

①水の分子は水素（H）2つと酸素（O）でできていて、「く」の字の形をしています。水素はプラス、酸素はマイナスの電荷をわずかに持っているため、水素原子側は電界のマイナス側を向いています。

②マイクロ波は、プラスとマイナスの極性が入れ替わる電波です。マイクロ波をあてると、その極性に合わせて水分子の向きも入れ替わります。

　電子レンジは、食べ物の中の水の分子をものすごい速さで振動させ、その摩擦熱で食べ物を温めているのです。

マイクロ波をあてると水の分子は振動する

　物質をつくっている最小の粒を「分子」といい、水もたくさんの水の分子が集まってできています。水の分子をよく見ると、形は「くの字形」になっていて、両方の先端はマイナスの電気、折れ曲がった部分はプラスの電気をわずかに帯びています。

　水分子はふだんはバラバラの方向を向いていますが、マイクロ波をあてると、プラスの部分とマイナスの部分が向きをそろえようと動きます。その向きがマイクロ波の電気の力によって、1秒間に24億5,000万回の速さで入れ替えられることで、水の分子は高速で振動します。そして水の分子同士がぶつかったりこすれ合うことで、そこに摩擦が生じて熱が発生するというわけです。

マイクロ波で食べ物を温めるしくみ

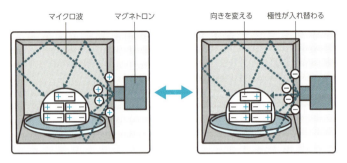

マグネトロンから発せられるマイクロ波がプラス・マイナスの極性を切り替えると、それに合わせて食べ物の中の水分子も向きを変えます。これを1秒間に24億5,000万回という高速で繰り返すことで、水分子を振動させ、その摩擦熱で温めています。

電子レンジでは温められないものもある

　マイクロ波はマグネトロンという電子管から放出されます。ただし、マグネトロンは1か所にしかないので、場所によってはマイクロ波が均一にあたらず、食べ物の温まり方に偏りが出てしまいます。そのため、ターンテーブルを回転させて加熱するのが一般的です。最近は、電子レンジの内部をマイクロ波が乱反射する構造にしたり、マイクロ波のアンテナ自体を回転させることによって、ターンテーブルがなくてもムラなく加熱できるようになっています。

　電子レンジは水分を含まないものは加熱できません。たとえば、ガラスや陶器などの食器は、マイクロ波が通り抜けてしまいます。電子レンジで加熱した食べ物を取り出すとき、皿まで温かく感じますが、それは食べ物の熱が食器に伝わっているからです。

　また、氷も加熱しづらい物質です。冷凍食品が温められるのは、氷が溶けてできた水分から温められはじめ、そこからだんだんと全体が温められるのです。

第1章 身のまわりの家電の科学

冷蔵庫はどうやってものを冷やしているの？

大変、クーラーボックスの氷が溶けてる！　これじゃあジュースがぬるくなっちゃう。氷がないと冷えないなんて不便だわ。

冷蔵庫も昔は氷を入れていたんだよ。むしろ氷がないのに冷える今の冷蔵庫の方が不思議じゃない？空気の熱を取り出して外に出しているんだ。

空気から熱を取るなんて、どうやってやるの？　冷蔵庫の周りが熱いのとなにか関係があるのかな？

液体が蒸発すると熱が奪われる

　冷蔵庫の冷やすしくみを簡単にいうと、冷蔵庫の中の空気から熱を取り出し、外に追い出しています。冷たい空気を増やすというよりは、熱を減らしているのです。

　熱を減らすために利用しているのが「気化熱」の原理です。たとえば、注射をするときに腕をアルコールで消毒しますが、そのときひんやりしますね？　あれは液体であるアルコールが気体となって蒸発するときに、熱を奪うためです。このように液体が気体になるとき、熱を奪って周りを冷やす現象を気化熱といいます。冷蔵庫はこの技術を応用しているのです。

状態の変化による熱の移動

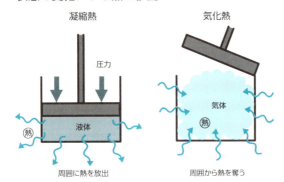

気体に圧力をかけると液体になり、熱を放出します（凝縮熱）。圧力を下げると液体は気体に変わり、周囲から熱を奪っていきます（気化熱）。冷蔵庫はこの関係を利用します。

冷媒が熱を奪って外へ運び出す

　冷蔵庫のしくみを見てみましょう。冷蔵庫の奥をのぞくと、パイプがうねうねと蛇行するように張り巡らされているのがわかります。これを追いかけていくと、冷蔵庫の裏側にある「コンプレッサー（圧縮機）」という機械につながり、冷蔵庫の背面をつたって内部に戻るように循環しています。

　パイプの中には、「冷媒」というガス（気体）が巡っています。この冷媒は圧力をかけると液体になります。

　冷媒は冷蔵庫の中と外をぐるぐるまわっていますが、外から中に入るときに液体から気体になります。ここで気化するため、冷蔵庫内の熱を吸収して冷やします。一方、中から外に出るときには、コンプレッサーによって圧縮され、気体から液体に変わります。そのとき、気化とは逆に熱を発するため、冷蔵庫の外に熱を逃がします。

　このように、中の熱を奪う、奪った熱を外に発散するというサイクルを繰り返しながら、冷蔵庫の中を冷やしているのです。

冷蔵庫を冷やす冷媒のはたらき

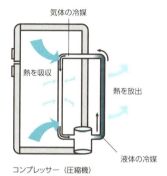

冷蔵庫のパイプには冷媒（れいばい）が巡っています。液体の冷媒が冷蔵庫内に入ると圧力が下がって気化し、冷蔵庫内の熱を奪います。気体の冷媒にコンプレッサーで圧力をかけると、冷媒は液体に戻り、冷蔵庫内から奪った熱を外へ放出します。これを繰り返して、冷蔵庫内の熱を外に運び出して中を冷やします。

エアコンも冷蔵庫としくみは同じ

　部屋の中を涼しくするエアコンも、冷蔵庫と原理は同じです。

　エアコンは、部屋についているエアコンの本体と部屋の外にある室外機がパイプでつながっています。そしてパイプの中には、冷媒が巡っています。本体側では気化した冷媒が部屋の空気から熱を奪い、室外機側では冷媒は圧縮されて液化し、そこで熱を放出します。エアコンはいわば、冷蔵庫を、室内の本体と室外機の2つにわけたようなものですね。

　なお現在、冷媒として使われている主な物質にはイソブタンがあります。かつてはフロンが使用されましたが、フロンはオゾン層破壊物質として全廃予定で、その後開発された代替フロンも温室効果ガスとして現在では厳しく規制されています。その点、イソブタンは元々自然界に存在する物質のため、自然冷媒と呼ばれます。

テレビの映像はどうやって映し出されているの？

昨日テレビで野球中継を見たよ。遠い場所で撮影した映像を、家にいながらリアルタイムで見られるなんて、よく考えるとすごい技術よね。

テレビの映像は電気の信号として送られているよ。テレビの画面に映るものは人も風景もぜんぶ、実は3色の光る点が集まってできているんだ。

テレビの画像は3色の光でつくられる

　テレビ番組の画像は、放送局や送信所から電波で送信されています。2019年現在、日本のデジタル放送はひとつの画像を1,080本の線に切り、その線1本1本を電気の信号として送っています。家のテレビでは、その信号にしたがって、送られてきた線状の画像を1本ずつ左から右へ上から下へと順番に並べ、元のひとつの画像に戻しています。日本のテレビでは、この画像が1秒間に30枚もの速さで送られてきます。そうして動く映像として見せているのです。

　また、テレビの画面を拡大して見ると、赤、緑、青の点が1組になって規則正しく並んでいます。テレビはこの3色を光らせたり消したりして、ほぼすべての色をつくっています。たとえば、赤と緑を一緒に光らせれば黄色、3色を重ねて光らせれば白になります。赤、緑、青のどの色も光っていなければ黒です。この赤、緑、青の

第1章 身のまわりの家電の科学

60分の1秒で切り替わるテレビ画面

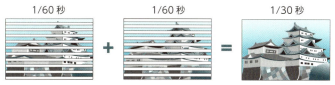

1/60秒 　　　　　　　　1/60秒 　　　　　　　　1/30秒

奇数列の画像だけを表示　　偶数列の画像だけを表示　　1枚の画像のように見える

テレビの画面は、奇数列の画像と偶数列の画像を60分の1秒という高速で切り替えて表示しています。すると残像によって人間の目には1枚の画像に見えます。

色は「光の三原色」と呼ばれ、英語の頭文字（赤：RED、緑：GREEN、青：BLUE）を並べて「RGB」ともいわれます。

テレビ画面は、3色の光とその明るさの強弱で映し出されていたのですね。

液晶テレビが映像を映し出すしくみ

自宅のテレビで主流になっているのが、ディスプレイに液晶が利用された液晶テレビです。

液晶は、液体と固体の両方の性質を持つ物質です。液晶分子を棒状のモデルと考えると、電圧をかけるときに結晶の向きが変わり、光を通したり通さなかったりします。たとえば、棒を立てて並べれば正面からの光は通しませんが、棒を寝かせてしまうと光は通るようになります。棒を傾けて立てれば、通る光の量を調整することもできますね。この棒の立ち方を電気を通してコントロールするのが、液晶ディスプレイの基本原理です。

液晶ディスプレイの中でも一般的なTN型液晶では、ねじれた液晶と縦のみ、または横のみの光を通す「偏光板」の組み合わせで、

液晶ディスプレイのしくみ

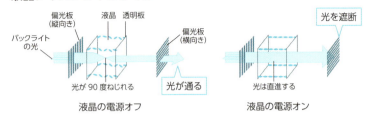

液晶はオフのときだけ光を90度ねじる性質があります。それを縦向きの光だけを通す偏光板と、横向きの光だけを通す偏光板で挟んであります。縦向きの偏光板を通った光は、液晶がオフのときは90度ねじれて横向きの偏光板を通過できますが、オンのときは通過できません。これで、バックライトの光を画面に映すか映さないかをコントロールします。

光をコントロールしています。上の図を見てください。

　液晶ディスプレイの主な構造は、液晶を挟んだ2枚の透明板と2枚の偏光板、光源となるバックライトです。液晶を挟んだ透明板には溝があり、溝の向きが90度直交するように向かいあっています。それぞれの溝に液晶分子を並べることで、液晶分子の向きも90度ねじれた状態になっているのです。2枚の偏光板は、1枚は縦の光のみを通し、もう1枚は横の光のみを通します。

　ここで一方の偏光板から光を通すと、光は液晶分子に沿って90度ねじれて通っていきますから、もう一方の偏光板を通過できます。しかし、液晶分子に電圧をかけると分子は直立し、ねじれがとれてしまいます。入ってきた光はそのまま直進するため、もう一方の偏向板にさえぎられます。このように、TN型液晶では電圧を引き金として、光が偏光板を通り抜けるか抜けないかを調節しているのです。

　そして、ここに赤、緑、青のカラーフィルターを組み合わせることで、液晶ディスプレイはさまざまな色を表現しています。

第1章 身のまわりの家電の科学

LEDはどんなしくみで光る？
なぜ省エネといわれるの？

家の照明をLEDに替えたら、電気代が安くなったってお母さんが喜んでいたよ。LEDだと、どうして節電になるの？

LEDは半導体に電流を流すことで光を出すんだ。熱をあまり出さずに光るから、エネルギー効率がいい。消費電力は蛍光灯の約半分で済むよ。

光るのはどんなしくみ？ 半導体ってよく聞くけど、どんなものなの？

LEDは電気を流すと発光する半導体の一種

　LEDの中で大きな役割を果たしているのが半導体と呼ばれる電子部品です。家電のように店頭で販売されるものではないのでわかりにくいかもしれませんが、今や半導体はあらゆる製品の中で使われています。交通、通信といった社会インフラにも半導体は利用されており、実は私たちの快適な生活を支えている存在なのです。

　半導体は、金属のように電気を通す「導体」と、ガラスなどのように電気を通さない「不導体（絶縁体）」の両方の性質を持っています。工夫すると導体にも不導体にもできるスグレモノなので「半」導体というわけです。

LEDの発光のしくみ

LEDは、プラスの電気を多く持つp型とマイナスの電気を多く持つn型の2種類の半導体からできています。ここに電圧をかけると、プラスの電気を持つ正孔とマイナスの電気を持つ電子が移動し、ぶつかって結合します。そのときに多くのエネルギーが光に変換されて放出されます。これがLEDの光です。

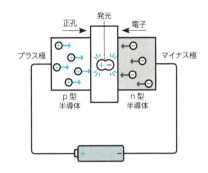

半導体には、電気の流れをコントロールしやすい、寿命が長い、消費電力が少ない、応答が速いなどさまざまな特徴があります。LEDは、そのたくさんある特徴のうちの「発光する」という性質を利用したものです。LEDとはLight(光る)・Emitting(出す)・Diode(半導体)の頭文字を取ったもので、日本語では「発光ダイオード」といわれます。

正孔と電子がぶつかってエネルギーを放出する

LEDを光らせるLED素子は、マイナスの電子を多く持つ「n型」とプラスの電気を持った正孔(電子が抜けた穴)がたくさんあいた「p型」という2つの半導体を接合してつくられています。イメージとしては、n型が凸、p型が凹と考えればよいでしょう。

ここに電圧をかけると、マイナスの電子とプラスの正孔が移動し、移動の途中で勢いよくぶつかって結合します。電子の凸が正孔の凹にがっちりはまるイメージですね。両者が結合するとき、元々お互いが持っていたエネルギーよりも小さなエネルギーになります。そして、そこで生じた余分なエネルギーが光として放出されるのです。これがLEDの発光原理です。

LEDはメリットずくめ!?

LEDが画期的だったのはエネルギー効率です。一般にエネルギーは変換すればするほど無駄が多くなります。従来の白熱灯や蛍光灯は、電気エネルギーをいったん熱や紫外線に変換してから光に変えていたため、エネルギーロスが多いのが難点でした。

一方、LEDは電気を直接光エネルギーに変換できるので、ロスが少なく変換効率が非常によいというメリットがあります。電気エネルギーから可視光（目に見える光）への変換効率は、白熱灯が10％、蛍光灯が20％といわれますが、LEDは30〜50％におよびます。また、直接変換できるということは、熱を発しないということでもありますから、安全性も増します。

LED照明が普及し始めた当初は、初期導入のコストが高い点や、真下以外が明るくなりにくいというデメリットが指摘されていました。しかし、それらも技術が日進月歩する中で解消されています。LED電球の寿命は約4万時間で、一般的な白熱電球の10倍以上長持ちしますから、長期的にはお得になります。

LEDで白い光が出せるのはなぜ？

白色は、赤・青・緑の「光の三原色」を混色することで表現できます。白色LEDの白色光をつくり出す方法はいくつかあり、現在主流なのは青色LEDに黄色蛍光体を加える方式です。そのほかに赤・青・緑それぞれのLEDの色を混合する方法もあります。

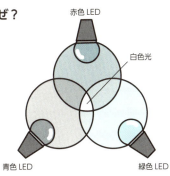

体脂肪計は体の中の脂肪を どうやって測定している？

あっ、また体重計の上でため息ついてる。さては増えたのかな？

失礼な！　測っていたのは体脂肪よ！　この体重計は体脂肪も測ることができるんだから。体の中のことまでわかるなんてすごいわね。

足元に金属のパッドがあるだろう？　ここから微量の電気を流して測定しているんだよ。

「電気の流れにくさ」を測定する

　最近の体重計は、「体脂肪計」や「体組成計」の機能を兼ね備えるようになりました。体重だけでなく、体脂肪や筋肉、骨、水分といった体を組織する成分まで測定できます。測り方は体重計と同じように、台上に乗るだけ。それなのに、人間の体の中身までわかってしまうなんて不思議ですよね。

　ほとんどの体脂肪計で採用されているのは、「生体インピーダンス法」という測定方法です。インピーダンスというのは、日本語でいえば電気抵抗のこと。生体インピーダンス法では、人の体内に微弱な電流を流し、電気の流れにくさを測定して体脂肪率などを導き

電流を流して測定する生体インピーダンス法

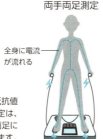
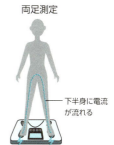

体に微弱な電流を流し、体内の電気抵抗値を測定します。家庭用に多い両足測定は、下半身にのみ電流を流します。両手両足に電流を流すと、より正確な測定ができます。

出しています。この電気の流れにくさを表すのが、電気抵抗値です。

筋肉は水分を多く含むために電気を通しやすく、脂肪は水分をほとんど含まないために電気を通しにくいという性質があります。つまり、筋肉が多ければ電気抵抗は小さく、脂肪が多ければ電気抵抗は大きくなります。生体インピーダンス法はこの性質を用いて、体脂肪率を測定しているのです。

計測結果は膨大なデータと照合

具体的には、体脂肪計の足をのせる金属パッド（電極）から微量の電気を体に流し、電気抵抗値を測定します。流される電気はごく微量なので、体への害はありません。

また、測定前には年齢、性別、身長などを体脂肪計に入力します。というのも、筋肉や体脂肪内の水分量、電気抵抗値には、年齢や身長、運動習慣などによって個人差があります。そのため体脂肪計には老若男女の膨大なデータがインプットされていて、そのデータと測定した体重、電気抵抗値とを照合して補正するしくみになっています。そうして体脂肪率を推定で割り出しているのです。

脂肪と筋肉は電流の流れにくさが違う

水分を含まない脂肪は電気を通しにくく、水分を多く含む筋肉は電気を通しやすくなります。体脂肪計はこの違いを測定することで、体脂肪の量を推測します。

測るたびに違う結果が出るのはなぜ？

　同じ日に同じ体脂肪計を使っているのに、測るたびに違う体脂肪率が出てしまうことがあります。これは、体内の水分状況が安定しないタイミングで計測しているからです。

　朝・昼・晩、食前・食後、入浴前・入浴後など、人間の体は1日の中で水分量が大きく変化し、電気の通りやすさも変動します。たとえば、食後は体内に水分が蓄積しているので体脂肪率は低く出ます。逆に、運動直後は発汗などで水分が抜けているので、体脂肪率は高くなります。

　体脂肪計で測定するのは、夕食前や入浴前がよいとされています。計測の時刻や身体の状況が変わるとその影響が出てしまいますので、体重や体脂肪率の推移を正確にチェックするなら、できるだけ同じ時間帯、同じ状態で計測するようにしましょう。

第1章 身のまわりの家電の科学

気温が高くても扇風機の風にあたると涼しくなるのはなぜ？

この部屋、ムワッとしてるな。扇風機をつけよう……ふぅ涼しい。

先生、でも部屋の温度は変わっていませんよ。なのにどうして扇風機の風があたると涼しくなるんだろう？

それはね、私たちの周りにある空気が関係しているんだ。

風はモノの温度を奪う

　扇風機(せんぷうき)の風にあたると涼しく感じます。うちわであおいでもそよ風のような涼感を覚えますし、自転車で坂道を下っても風が体に強くあたって涼しく感じますよね。それにラーメンを食べるときに、「ふー！ふー！」と息を吹きかけると麺が冷めて食べやすくなります。風にはモノの温度を奪う効果があるのです。

　でも、これが北風や冷房のように冷たい空気ならわかりやすいのですが、猛暑日の生ぬるい風であっても、あたると涼しく感じられるのはなぜなのでしょうか？

　これには2つの理由があります。カギを握るのは「空気」です。

人体は体温で暖められた空気に覆われている

　私たちの周りには空気がありますが、じっとしていると空気は体にまとわりつくような状態になっています。人間の体は薄い空気の膜に覆われている、とイメージするといいでしょう。

　室内の気温が体温よりも低いと、その空気の膜に体温が徐々に移っていきます。室温が30度だとすると、人の体の周りだけは30度よりもちょっとだけ気温が高くなります。つまり、人間はふだん、外気よりも暖かい空気に包まれているのです。

　そこに扇風機で風を送ってあげると、体を覆っていた空気の膜が壊れ、暖められた空気が吹き飛ばされます。そこにほんの少し冷たい外気が流れ込むため、涼しく感じるのです。ですから、暖房やエアコンの室外機から出る風のように、体温よりも暖かい風の場合、その風にあたっても「涼しい」とは感じられません。

扇風機の風が涼しいのは

風がない状態では、体温で暖められた空気が人間の周囲を覆っています。

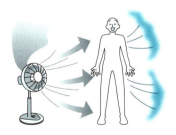

風を送ると、暖められた空気が吹き飛ばされ、代わりに温度の低い空気が肌にあたるため涼しく感じます。

湿度の高さと汗の蒸発しにくさ

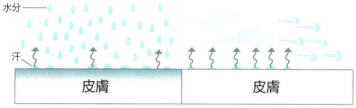

空気がたくさんの水分を含んでいると、汗が蒸発しにくく、皮膚の熱が逃げていきません。

空気中の水分が風で飛ばされ、乾燥した空気と入れ替わると、汗が蒸発しやすくなって体の熱を逃がせます。

湿度が高いと汗が蒸発しにくい

　もうひとつの理由は、空気に含まれる水分です。人間の体は、体温が高くなると汗を出して体温を調節する機能があります。これは水分が蒸発するときに熱を奪う、気化熱を利用した体のしくみです。

　蒸発した水分は空気に取り込まれていきますが、空気にも水分を取り込む限界量があります。限界量ギリギリの、いわゆる「湿度が高い」状態だと、水分は蒸発しにくくなります。ギュウギュウに詰まった満員電車に、もうそれ以上の人が乗れないのと同じですね。

　先ほどの「体を覆う空気の膜」には、すでに人間の体から出た水分が含まれています。つまり、部屋の湿度がそれほど高くなくても、体の周りは局所的に湿度が高い状態になっています。そのままだと、汗は蒸発しにくいままで、体温も調節されません。

　そこで、扇風機の風で空気の膜を壊してあげると、湿度の高い空気が吹き飛ばされ、乾いた空気と入れ替わります。すると、また汗が蒸発しやすい状態となり、気化熱で体が冷やされるようになります。それで人は、涼しくなるというわけです。

ノイズキャンセリング ヘッドホンはなぜ音を消せる？

ふっふっふっふふ〜ん♪　このヘッドホンがすごいのよ。周りの騒音だけ消してくれるから、電車の中でもお気に入りの音楽に集中できるの。

ノイズキャンセリングヘッドホンだね。マイクがついているということは、アクティブ方式かな？　電気的に騒音を消すタイプだ。

音を電気的に消すってどういうこと？　でも騒音だけ消せるなんて、すごい技術が使われていそうね。

騒音だけを消せるヘッドホン

　走行音が気になる電車内など騒音がある場所でも、クリアな音で音楽を楽しめるのがノイズキャンセリングヘッドホン。周囲の騒音やノイズだけを消してくれるので、音楽のボリュームを上げる必要がなく、音漏れの心配もありません。最近は音楽をかけずにノイズキャンセリング機能だけをオンにして、寝るときの耳栓代わりにする裏技も使われているとか!?

　特定の音だけをカットできるというしくみがいかにも不思議なノイズキャンセリングヘッドホンですが、その機能には「パッシブ方式」と「アクティブ方式」という2つがあります。

ノイズキャンセリングの2つの方式

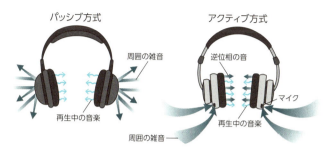

パッシブ方式は周囲の騒音をブロックして音楽だけを流します。アクティブ方式は、音楽と同時に雑音を打ち消す音(逆位相の音)を流します。

外部の音をブロックするパッシブ方式

パッシブ方式は、外部から音が入ってくるのをブロックする方法で、いわば両耳を手で押さえているのと同じ状態です。「音楽が聴ける耳栓」といえば、よりわかりやすいかもしれませんね。

パッシブ方式のメリットは、高音域の消音が得意なこと、電源がいらないことです。一方で、外からの音をブロックしてしまうため、駅の構内アナウンスなどの必要な音までさえぎってしまいます。また、耳にフィットして隙間をつくらない構造なので、圧迫感があります。そこで、そのデメリットを補うのがアクティブ方式です。

電気的に音を打ち消すアクティブ方式

アクティブ方式は、電気的にノイズを消す方法です。ノイズに対して逆位相の音を生成し、それをぶつけることでノイズを消してしまう技術です。

音波という言葉があるように、音は空気が波のように振動するこ

アクティブ方式に利用される「逆位相」

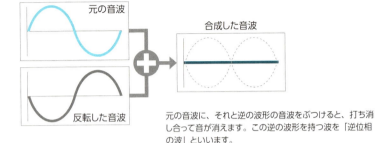

元の音波に、それと逆の波形の音波をぶつけると、打ち消し合って音が消えます。この逆の波形を持つ波を「逆位相の波」といいます。

とで起こっています。そのため、元の音の波と正反対に振動する波を衝突させると、お互いの波が打ち消し合い、音は消えてしまいます。この元の音と反対の波のことを逆位相の波といい、アクティブ方式ではこのしくみを利用しています。

　アクティブ方式のヘッドホンの外側には、周囲の音をキャッチするマイクがついています。その音を内部で解析して、逆位相の音を発生させています。アクティブ方式のヘッドホンで流れている音源には、実は周囲のノイズの逆位相の音がプラスされているのです。

　アクティブ方式のメリットは、電気的につくった音をぶつけるしくみなので、消す音と消さない音をある程度コントロールできることです。街中の車の走行音はキャンセルして、信号の音はカットしないという設計も可能です。ただ、電源が必要になるため、ヘッドホンは大型になりがちです。

　パッシブ方式とアクティブ方式には、それぞれに一長一短があり、どちらを選ぶかは好みです。現在市販されているノイズキャンセリングヘッドホンは、2つの方式のいいところを組み合わせ、より快適に音楽を聴きやすいように工夫されています。

第1章 身のまわりの家電の科学

コピー機が原稿と同じものを印刷できるのはなぜ？

コピー機って、なんだか不思議な動きをするのね。この光がウィーンって。

光をあてて原稿の文字や絵を読み取っているんだ。基本的なしくみはデジカメと同じ。それを現像するのにひと工夫があるよ。

写すしくみはデジカメと同じ

　コピー機は「写す機能」と「印刷する機能」の合体技。カメラとプリンターが一緒になったと考えるとイメージしやすいでしょう。コピー機がピカッと光るのは、カメラのフラッシュと同じようなものなのです。写してから印刷するまでにはいくつか工程があるので、最初に流れをざっと理解してからひとつずつ見ていきましょう。
①画像を読み取る　②読み取った画像を感光体に再現する
③感光体にトナー（粉末インク）をつける
④トナーを紙に転写する　⑤トナーを定着させる
　①は写真を撮るのと同じです。原稿に強い光をあて、原稿を通過した光を「撮像素子（イメージセンサー）」で電気信号に変換します。電気信号の理屈は、いたって簡単。文字が書かれた黒くて光を透過しない部分は「1（光がない）」と認識し、なにも書かれてい

原稿を感光体に写し取るしくみ

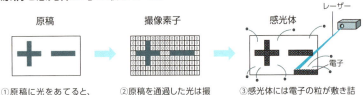

①原稿に光をあてると、文字を書いた黒い部分は光を通さず、白い部分だけに光が通ります。

②原稿を通過した光は撮像素子にあたり、光のあたった部分は「0」、あたらない部分は「1」という形でデジタルデータに変換されます。

③感光体には電子の粒が敷き詰めてあり、レーザーをあてた部分だけ電子が飛んでいきます。デジタルデータの「1」の部分にだけレーザーをあてると、原稿と同じ形を電子で再現できます。

ない光が透過する部分は「0（光がある）」と認識します。この0と1をもとに原稿をデジタルデータに変換します。

　写すしくみはデジカメと同じですが、デジカメが１枚の画像をいっぺんに写すのに対して、コピー機は上から下へ走査線上に書かれた文字や絵の形を読み取っています。

電気の+と-を巧みに使い分けてインクを付着

　②感光体に再現するは、いわば版画の「版」をつくる段階です。感光体は、光があたると表面に張りついている電子を放出する性質を持つ素材です。このシートの上に電子をまんべんなく張りつけ、読み取ったデジタルデータをもとに、原稿の文字が書かれていない部分にだけレーザーを照射します。すると、その部分の電子は放出され、最終的に文字が書かれた部分の電子だけが残されます。つまり、感光体上に電子を使って、原稿と同じ形が再現されます。

　次の③トナーをつけるは、版にインクをつける段階です。ここからは電気のプラスとマイナスが引き合う性質を利用しているので、+、-の記号を意識して見ていきましょう。

第1章 身のまわりの家電の科学

トナー（インク）を感光体にのせるしくみ

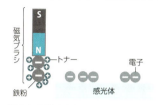

①磁石に鉄粉（−）をくっつけて持ち上げると、プラスの電気を持つトナーは鉄粉に引き寄せられて一緒にくっついてきます。

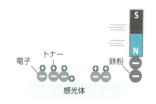

②磁気ブラシで感光体の表面をなでると、マイナスの電気を持った電子がのった部分にだけトナーが付着し、感光体にインクがのります。

　トナー（＋）は鉄粉（−）と混ぜ合わせた「現像剤」として使います。磁石のN極を現像剤に近づけると、中の鉄粉（−）が磁石に引き寄せられ、トナー（＋）も一緒にくっつきます。現像剤がくっついた磁石で、感光体の表面をなでると電子（−）のついた部分にだけトナー（＋）が引き寄せられてくっつきます。この一連の作業により文字の形にインクが付着するわけです。

　今度はそこへ紙（−）を近づけます。感光体（−）の引っ張る力よりも紙（−）の引っ張る力の方が強いので、トナー（＋）は紙の方に引き寄せられて、④トナーを紙に転写するの工程が完了します。

　しかし、これだとただインクがのっているだけなので、熱を加えて⑤定着させるという工程を行います。トナーはプラスチックなので、熱で溶けて紙の繊維に入り込み、こすっても簡単には落ちなくなります。これでコピーは完了です。あとは感光体に残った電子を一回全部払って、次のコピーに備えます。

　今回は単純化して説明しましたが、実際は複雑な工程をコンパクトな機体の中で、短時間で行うために、理屈以上にさまざまな工夫が組み込まれ、コピーという作業が行われています。

コンセントは
どうしてあの形なの？

知ってたかい？　よく見ると、コンセントの穴は左右で長さが違うんだよ。

本当だ！　ということは、右と左でなにか違いがあるのかな？　電源のプラグを差すときにも、実は正しい向きがあったりするの？

ほとんどの家電では、そこまで神経質にならなくても大丈夫だよ。ただ、電気を安全に使うために、コンセントのしくみを知っておいた方がいいね。

よく見ると左右で穴の長さが違う

　いつも家の中で目にしているはずのコンセント。「絵に描いてみてください」といわれたら、同じ大きさの長方形を2つ書いてしまう人が多いのではないでしょうか？　しかし、よく観察すると、右が7ミリ、左が9ミリで、左の穴の方が長いのです。
　穴の大きさが違うのは、役割が違うからです。コンセントの役割といえば電気を供給することですが、実は電圧がかかっているのは右側だけ。じゃあ左側はというと、電気を逃がす道です。
　一般家庭の電圧は100ボルトか200ボルトで、日本の家電はこの電圧に対応してつくられています。ところが、送電設備のトラブル

3ピンプラグのコンセントとアース線

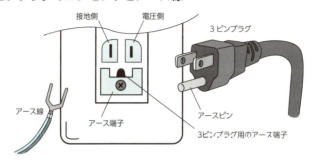

コンセントの穴は右が電力を供給する電圧側、左が電力を逃がす接地（アース）側。アース端子には、漏電を防ぐためにアース線をつなぎますが、最近は電磁波やノイズを除去する効果が注目されています。

や雷の影響などがあると、規定以上の電圧がかかってしまうことがあります。そんなときに、電気を逃がす道がないと家電が壊れてしまいます。その逃げ道が左側の穴で、「アース」といいます。

電源プラグは左右どちら向きでもかまわない

左右それぞれに役割分担のあるコンセントですが、家電の電源プラグを差し込む前に左右を確認するほど神経質になる必要はありません。なぜなら、差し込む方の電源プラグは左右が同じ大きさになっていて、どちら向きに差し込んでも機能するからです。

ただし、オーディオ機器や通信機器など一部のデリケートな機械は、プラグの左右を指示されていることがあります。電源プラグを正しい向きでコンセントに差すと、オーディオならノイズをしっかり捨てた高音質が再現され、DVDやブルーレイプレーヤーといった映像再生機器は画質が向上するといわれています。

三つ穴のコンセントはなんのため？

　パソコンなどの精密機器では、電源プラグが3ピンになっていることがあります。近年はそれを差すための三つ穴コンセントも登場していて、左右長方形の穴の下に、かまぼこ形の小さな穴があいているのが一般的な形状です。3つ目の端子はアースで、感電防止や電磁波（でんじは）を逃がすなどの役目を担っています。

　また、洗濯機や冷蔵庫、電子レンジなど、水の近くで使う家電には、電源プラグとは別に、先が二股にわかれた（あるいは銅線がむき出しになった）緑色のコードがたいてい付属しています。これはアース線です。水気や湿気の多い場所は、漏電（ろうでん）による感電事故が起こりやすくなります。そこで、水回りのコンセントはアース線を接続することで電気を地面に逃がせるようになっています。漏電による感電事故を防ぐための工夫というわけですね。

世界のコンセントはどうなっている？

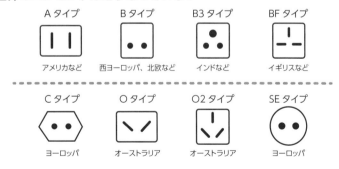

世界には三つ穴コンセントより珍しい形のコンセントがあります。海外旅行に行く際は、旅行先のコンセントの形を調べて変換プラグを用意していきましょう。

第2章

家の中で見つかる科学

洗剤を使うと油汚れが落ちるのはどうして？

あっ、洋服にハンバーグのソースがついちゃった！とりあえずおしぼりで拭いておけば大丈夫かな？

ちゃんと洗剤につけた方がいいよ。水だけじゃ洋服から油は引きはがせないんだ。水と油は仲が悪いからね。

じゃあ、水と油が仲よくすると汚れは落ちるの？よくわからないわ。詳しく教えてください！

混ざり合わない水と油

　食事中にソースをこぼしてできてしまった洋服のシミ。その場ですぐに水洗いや水拭きをしても、消えずにうっすらと残ってしまいます。ソースの油分が細かい繊維(せんい)にくっついているからです。

　しっくりいかない関係を「水と油」と表現したりしますが、水と油は混ざり合おうとしません。水は水同士、油は油同士でまとまろうという性質があるため、混ぜても分離してしまいます。水と油がくっつかないと、繊維から油を引きはがすことはできません。

　そこで、混ざり合わない水と油の関係を取り持つのが洗剤です。洗剤の細かい成分（分子(ぶんし)）の構造を知ると、油汚れを水で落とせるワケがわかります。

界面活性剤の分子が油汚れを引きはがす

①マッチ棒のような界面活性剤の分子は、油になじむ部分と水になじむ部分があります。油になじむ棒の部分が油汚れにくっつきます。

②水になじむ丸い部分が水とくっついて浮かび上がり、一緒に油汚れを持ち上げます。

③分子が油汚れを包み込んで完全に引きはがします。水を流せば油汚れも一緒に流れていきます。

油汚れと水を結びつける界面活性剤

　洗剤成分の分子は、針の先に球体がついたマッチ棒の形をイメージしてください。針の部分は「親油基」といって油になじみやすく、球体の部分は「親水基」といって水になじみやすい性質を持ちます。

　洗剤を水に入れると、油になじみやすい針の部分はすぐに油汚れとくっつきます。このとき、水になじみやすい球体の部分は水とくっついて油から離れようとするため、針の部分が油に刺さったような状態になります。こうして洗剤の分子は次々と油汚れにくっついていき、油汚れを覆うようになります。

　そして、球体の部分が水中に浮遊すると、その力で油汚れは持ち上げられ、繊維から引きはがされてしまいます。また、引きはがされた油にはさらに洗剤成分の分子がくっつき、全体を囲い込むため、油は繊維に戻ることはできなくなります。こうして、繊維から引きはがされた油汚れを水ですすぐと、洋服はきれいになるのです。

　ちなみに、洗剤の成分には繊維の表面を覆うというはたらきもあるので、再び汚れがつくのを防ぐ作用もあります。この親油基と親

酵素は界面活性剤のはたらきを助ける

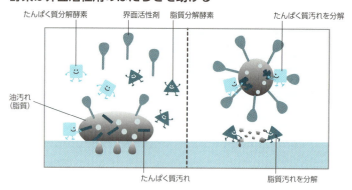

たんぱく質や脂質などの特定の物質に作用して、汚れを細かく分解するのが酵素です。界面活性剤が汚れを引きはがす作業を助けます。

水基を持つ洗剤の成分は「界面活性剤(かいめんかっせいざい)」と呼ばれます。

酵素は界面活性剤のはたらきを助ける

　洗剤の中には「酵素(こうそ)入り」をうたった製品もよくあります。私たちが1日着た衣服には、汗のシミや垢などのたんぱく質を含む汚れ、食べカスによるでんぷん質の汚れなども付着しています。酵素は、こうした汚れを細かく分解することで、界面活性剤のはたらきを助けます。私たちが食べ物を食べると消化酵素がはたらき、栄養分が吸収されやすいように分解しますが、それと一緒ですね。

　ちなみに、酵素は特定のものにしか作用しないという性質があります。「プロテアーゼ」という酵素はたんぱく質、「アミラーゼ」はでんぷん質、「リパーゼ」は脂質にはたらくという具合です。そのため、酵素を使用するときは、汚れの種類に合わせて適切な酵素を選ぶ必要があります。

第2章 家の中で見つかる科学

紙おむつがたくさん水分を吸収してももれないワケは？

あまった紙おむつが、さまざまなアイデアで再利用されているそうだ。揚げ油の処理や、飲み物をこぼしたときの雑巾代わりにしたりするんだって。

紙おむつって、水分をたっぷり吸えるものね。どんな素材が使われているの？

紙おむつは多層構造になっていて、要になるのは高分子吸収体という吸水材だ。自分の重さの何十倍もの水分をジェル状に固めることができるよ。

紙おむつは大きくわけると3層構造

　改めて手に取ってみると、ビックリするほどに薄くできている紙おむつ。数回分のおしっこを吸収できるうえ、それをもらさずにいられるのはどうしてでしょう？

　紙おむつを分解してみるとさまざまな素材が重なっていて、大きく3層構造になっていることがわかります。赤ちゃんの肌に直接触れておしっこを受け取る表面材、その下にはおしっこを吸い取って固化する吸水材、一番外側に吸収したおしっこを外にもらさないための防水材という構造です。そのほか、おしっこをせき止めて、もれを防止するための立体ギャザーが内側と外側についています。

紙おむつは3層構造になっている

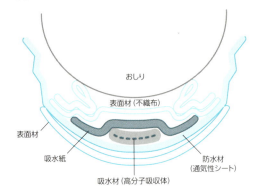

紙おむつは、大きくわけると表面材、吸水材、防水材の3層で構成されています。表面材がおしっこをキャッチして吸水材へ送り、吸水材は受け取ったおしっこを吸い取り、固化します。外側の防水材はおしっこがもれないようにカバーの役割を果たします。

高分子吸収体で液体をジェル状に

　まず、赤ちゃんの肌に直接触れる表面材には、不織布が使用されています。不織布は繊維を熱で溶かしたり、水流などの圧力によって絡み合わせたりして1枚の布にしたものです。通常の布より吸水性が少ないので、おしっこをすぐに下の吸水材に落とし込み、逆戻りさせません。また、肌に直接触れる面をサラサラに保ちます。

　表面材の下には吸収紙があり、これがすばやくおしっこを吸水材に送り込みます。そして、おしっこを吸収する要となるのが吸水材です。吸水材には「高分子吸収体（高分子ポリマー）」という細かい粉末状の物質が利用されています。

　高分子吸収体は、たくさんの分子が網目状に連なった物質で、1gで数百gの水を吸収することができます。おむつに使われる高分子吸収体は、「浸透圧」を利用しておしっこを吸収します。

　浸透圧というのは、濃度の異なる2つの液体を半透膜（水は通すが、水に溶けた物質は通さない膜）で区切ったときに、濃度の低い

第2章 家の中で見つかる科学

高分子吸収体は「浸透圧」で水を吸収する

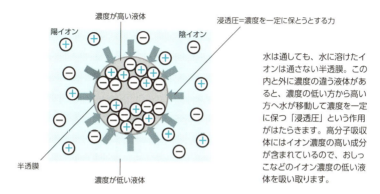

水は通しても、水に溶けたイオンは通さない半透膜。この内と外に濃度の違う液体があると、濃度の低い方から高い方へ水が移動して濃度を一定に保つ「浸透圧」という作用がはたらきます。高分子吸収体にはイオン濃度の高い成分が含まれているので、おしっこなどのイオン濃度の低い液体を吸い取ります。

方から高い方へと水が移動しようとする圧力のことです。浸透圧は濃度差が大きいほど大きくなります。

　高分子吸収体の内部はイオン濃度が高く、おしっこはイオン濃度が低いために、おしっこの水分が高分子吸収体に吸収されるというわけです。しかも吸収した水分はジェル状に固めてしまうため外にもれることもありません。

防水材には通気性がある

　紙おむつの外側にある防水材は、吸収したおしっこを外にもらさず通気性のあるシートです。シートには肉眼では見えないミクロの穴があいていて、水蒸気などの気体は通しますが、おしっこのような液体は通しません。おしっこはもらさず、湿気だけを逃がすので、紙おむつの中がむれておしりがかぶれるのを防ぎます。

　赤ちゃんが動きやすく快適に過ごせるようにするため、紙おむつにはさまざまな科学の力が利用されているのです。

IHクッキングヒーターはなぜ火を使わずに料理ができるの？

うちのキッチンにIHクッキングヒーターが入ったんだよ。火を使わないのに、やかんや鍋が温まるのはどうしてなのかな？

IHクッキングヒーターはトッププレートそのものは発熱していないんだ。電磁波を使って、やかんや鍋を直接発熱させているよ。

だから使ったあと、すぐにトッププレートを拭いても熱くないのね。

電磁誘導を利用して金属の鍋自体を発熱させる

　最近はオール電化住宅も増え、キッチンにIHクッキングヒーター（IH調理器）を導入する家庭も増えています。ご存じのように、IHクッキングヒーターは火を使いません。「IH」とは、Induction Heatingの略で、日本語にすれば「電磁誘導加熱」。電気と磁気を利用して、鍋自体を発熱させるしくみです。

　ガスレンジは金属でできていますが、IHクッキングヒーターのトッププレート（表面）はガラス素材です。その内部には、銅線をグルグル巻きにした「コイル」が取りつけられています。コイルは、電流を流すとその周囲に磁力線を発生させます。そこに金属ででき

第2章　家の中で見つかる科学

IHクッキングヒーターの電磁誘導加熱

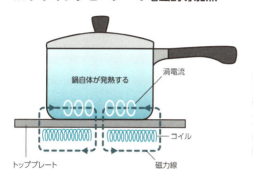

トッププレートの下にあるコイルに電流が流れると、コイルから磁力線が発生し、その磁力線によって鍋底に渦電流が発生します。この渦電流が、鍋の金属の電気抵抗で熱になり、鍋自体が発熱します。

た鍋などを近づけると、磁力線が金属に届き、鍋の内部に無数の渦状の電流が流れるという現象が起こります。この電流を「渦電流」といい、渦電流が発生する現象を「電磁誘導」といいます。

　そして、渦電流が流れるとき、金属には電気抵抗があるので熱が発生します。この熱で鍋の中身が温まり、調理ができるのです。

金属の電気抵抗の大きさで発熱量は違う

　ヒーターの電源を入れるとコイルに電流が流れ、表面に磁力線が発生します。温度の調整は、コイルに流す電流の大きさを変えることで行いますが、最近のIHクッキングヒーターでは温度センサーで鍋底の温度を測定し、自動的に電流を調整します。

　鍋の発熱量は、素材である金属の電気抵抗の大きさに比例します。鉄やステンレスのような電気抵抗の大きい金属は発熱量が大きく、鍋の中身もよく加熱されます。一方、銅やアルミといった金属は電気抵抗が低く、電気がスムーズに通ってしまうため発熱量は少なくなります。銅やアルミの鍋などがIHクッキングヒーターに向かな

IHクッキングヒーターは熱が逃げない

IHクッキングヒーター

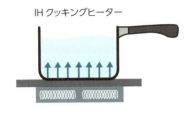

IHクッキングヒーターは、鍋自体を発熱させます。鍋とトッププレートは接しているので熱が逃げることがなく、エネルギーが無駄になりません。熱効率は約90％です。

ガスコンロ

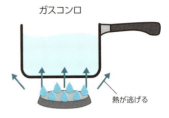

ガスコンロは、鍋と火の間に空間があり、ガスの炎の熱がさまざまな方向に逃げてしまいます。約半分のエネルギーが無駄になってしまい、熱効率は約40〜55％といわれます。

いとされているのはこのためです。

　ただ最近では、従来よりも強力な磁力線を発生させることで、すべての金属素材が利用できる「オールメタル対応」のIHクッキングヒーターも登場しています。

加熱に燃焼をともなわないことのメリット

　IHクッキングヒーターは鍋ややかんだけを加熱するという原理のため、周囲に熱を逃がさず、常に効率よく電気を利用できます。ガスコンロの場合、炎の熱は鍋だけではなく周囲にも伝わるので、熱効率は約40〜55％といわれます。一方、直接鍋を加熱するIHクッキングヒーターでは約90％。熱効率はガスの約2倍です。

　火を使わないIHクッキングヒーターは、周囲にある紙や布に引火することはなく、火の消し忘れの心配もありません。また、ガスがもれたり、二酸化炭素が発生することもないのです。安全でクリーンに利用できるのも、IHクッキングヒーターのメリットです。

第2章 家の中で見つかる科学

くもらない鏡は どうしてくもらないの？

ひげの剃り残しがあるわよ。ちゃんと鏡を見たの？

あっ、本当だ。ひげを剃るときに洗面所の鏡がくもっちゃってね。見落としていたよ。

そういえば、私が顔を洗うときも鏡はくもるわ。くもらない鏡っていうのもあるみたいだけど、どんなしくみなのかしら？

洗面所や浴室の鏡がくもる原因は、実は水滴なんだよ。水滴でどうして鏡がくもるのか、まずはそこから説明しよう。

鏡がくもって見えるのは水滴が原因

　洗面所や浴室の鏡がくもって不便に感じることがあります。
　鏡がくもる原因は、空気に含まれる水分が細かい水滴になって鏡につくから。目には見えませんが、空気には水蒸気、つまり気体になった水分が含まれています。
　空気は温度によって、含むことができる水蒸気の量が異なります。

くもった鏡の表面

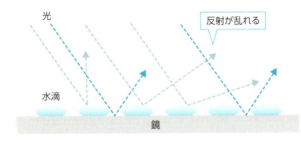

くもった鏡の表面には、無数の水滴が不規則についています。水滴に光が乱反射するため、白くくもって見えます。

冷たい空気よりも温かい空気の方が、より多くの水蒸気を含むことができます。そのため暖かい空気が冷やされると、水蒸気の状態で存在できなくなった水分は液体の水に変わります。コップに冷たい飲み物を注ぐとすぐに水滴がつきますが、これはコップの周囲の暖かい空気が冷やされ、水蒸気が水に変わったからです。

　鏡に水滴がつくのも、これと同じ理由です。室内の温度よりもガラス製の鏡の方が温度が低いため、鏡の周囲の水蒸気が無数の水滴となって付着します。そしてこのとき、水滴は不規則に付着し、鏡の表面をでこぼこの状態にします。鏡はうまく光を反射することができなくなり、乱反射を起こします。これが鏡がくもる原因です。光が乱反射して、鏡は白くかすんでいるように見えるのです。

鏡がくもらないようにするには？

　鏡のくもりを解消するためには、水滴を水になじませればいいことになります。水滴が鏡の上で平らに広がれば、光が乱反射することはありません。また、水滴の状態よりも濡れ広がっている方が水は蒸発しやすくなります。この水を薄く広げる性質（親水性）を持

第2章 家の中で見つかる科学

親水性のあるくもり止めスプレーの効果

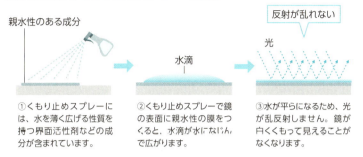

①くもり止めスプレーには、水を薄く広げる性質を持つ界面活性剤などの成分が含まれています。

②くもり止めスプレーで鏡の表面に親水性の膜をつくると、水滴が水になじんで広がります。

③水が平らになるため、光が乱反射しません。鏡が白くくもって見えることがなくなります。

つ製品が「くもり止めスプレー」です。

くもり止めスプレーには、洗剤に使われる界面活性剤やアルコールなど親水性のある成分が配合されています。鏡の表面に塗ると親水性の膜をつくり、水滴が水になじんで、くもりを抑えることができます。石けんやシャンプーなどを塗っても一時的にくもりが解消されますが、それは界面活性剤などの成分が入っているからです。

くもり止めスプレーを塗る前には、鏡をきれいにしておくことが大切です。鏡に付着しているごみやほこりは空気中の水分と結びつき、油汚れは水をはじく性質があります。鏡の表面がきれいでないと、水滴が残りやすくなってしまうのです。

最近は、光触媒をはじめとする高性能コーティング剤も利用されるようになりました。光触媒は光をあてることで汚れや菌などを分解できる材料で、酸化チタンが代表的です。酸化チタンには光触媒作用のほかに超親水性と呼ばれる性質があり、光をあてると光触媒の表面を水が薄い膜になってどこまでも広がります。つまり、酸化チタンで鏡をコーティングすれば、水が水滴として付着することはありません。鏡がくもることもないというわけです。

金属に触れると
ひんやりするのはなぜ？

ほらこのアイス、カチカチに凍ってる！　プラスチックのスプーンが折れそうだよ。

金属のスプーンで食べるといいよ。プラスチックよりも金属の方が熱伝導率が高いから、凍ったアイスが溶けやすくなる。

へー、金属の方が頑丈っていう以外にも理由があるのね。あ、でも先生の話が長いから、アイスが溶けてきちゃったわ。

モノの熱は高温部から低温部に移動する

　キッチンのタイル地とシンクのステンレス、触るとどちらが冷たいでしょうか？　やっぱりステンレス？　いいえ、実は同じ環境にあるモノの表面温度は、タイルもステンレスもほぼ同じです。それなのに金属が冷たいと感じるのは「熱伝導率」が関係しています。

　温かさや冷たさといった感覚は、モノの温度ではなく、触れたときに手から熱が逃げていくのか、伝わってくるのかによって決まります。通常、私たちの体温は35〜37度ですが、鉄などのモノの温度は人間の体温よりは低くなっています。その鉄に触れると、人間の体の熱が、より温度の低い金属の方へと移動するから冷たいと感じるのです。この熱が移動する現象を熱伝導といい、熱の伝わりや

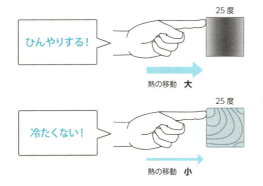

金属と木材では熱を奪う力が違う

物体の温度が同じでも、熱伝導率が高い金属は熱が大きく移動するので冷たく感じます。一方の木材は熱伝導率が低く、熱の移動が小さいため冷たく感じません。

すさは熱伝導率という数値（下表）で示されます。

一般的に金属はこの値が高く、逆に木材や布などは熱伝導率が低くなっています。人間の体の熱も移動しにくいことから、キッチンでまな板などに触っても鉄ほどに冷たいと感じないのです。

冷たさの感じ方は密着度でも変わってくる

それではガラスと木材はどちらが冷たく感じるでしょうか？ 誰もがガラスの方が冷たいと答えるでしょう。ところが、ガラスと木材では熱伝導率にそれほどの違いはありません。にもかかわらず、ガラスが冷たいと感じるのは密着度が関係します。

ぴったりとくっつくものと、隙間ができるものとでは、温度の感

一般的な物質の熱伝導率

物質	熱伝導率（W/m・K）	物質	熱伝導率（W/m・K）
ダイヤモンド	1000〜2000	ステンレス鋼	16.7〜20.9
銀（0℃）	428	水（0℃〜80℃）	0.561〜0.673
銅（0℃）	403	ガラス	0.55〜0.75
金（0℃）	319	木材	0.15〜0.25
アルミニウム（0℃）	236	羊毛	0.05
鉄（0℃）	83.5	空気	0.0241

じ方に違いがあります。ガラスの表面は滑らかなため、触れたときに手とガラスの間に空気はほとんど入りません。しかし、木材は表面がでこぼこしているので、隙間に熱伝導率の低い空気が入り込み、ガラスほど冷たくは感じないのです。

熱伝導率は、ダイヤモンドが他を寄せつけないほど高い数値になっています。人工ダイヤモンドが半導体部品の放熱や、炊飯器の内鍋などに利用されているのはそのためです。

私たちの生活になじみ深い鍋やヤカン、フライパンなどはダイヤモンドほどではありませんが、鉄製、あるいは銅製と、熱伝導が高いものが使われています。そういった意味ではアイスクリームについてくるプラスチック製の使い捨てスプーンは熱伝導率が低いため、体温が伝わりにくく、アイスを溶かして食べるのには不向きです。

さて、ここで最後の問題です。水を凍らせた2本のペットボトルがあります。1本はそのままの状態、そして、もう1本は底に穴をあけて水が抜けていく状態です。どちらの氷が先に溶けるでしょうか？　答えは……下の図を見て確認してください！

熱伝導率を考えてみると、もっと面白いクイズができそうですね。

どちらの氷が早く溶ける？

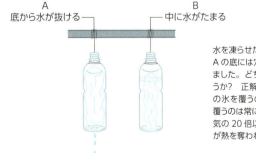

水を凍らせたペットボトルを2本用意し、Aの底には穴をあけ、Bはそのままにしました。どちらが先に氷が溶けるでしょうか？　正解はB。水が抜けたあとにAの氷を覆うのは空気、一方のBの氷を覆うのは常に水です。水の熱伝導率は空気の20倍以上もあるので、Bの氷の方が熱を奪われやすく、より早く溶けます。

消せるボールペンはなぜ書いた文字が消せるの？

この申し込み用紙、ボールペンで書かなくちゃいけないんですか？　間違っちゃいけないと思うと緊張しちゃうな。

いいボールペンがあるよ。これはインクに秘密があって、摩擦熱によって書いた文字の色が無色に変化する。だから書き直せるんだ。

難しくいってるけど、要は「消せるボールペン」ね。それ、貸してください！

温度によってインクの色が変色する

　書いた文字が消えない、消せないというのが持ち味のボールペン。しかし、書き損じたときは面倒です。正式な書類ではぐちゃぐちゃと塗り潰すことはできませんし、一から書き直すのも大変です。そこで、便利な文房具としてすっかりおなじみになったのが「消せるボールペン」です。

　現在主流になっている消せるボールペンは、パイロットコーポレーションによって実用化されたもので、「フリクション」といいます。見た目も書き味もインクもごく普通。ところが、書いた文字を、ペン後部のラバーでゴシゴシとこすると消えてしまいます。

消せるボールペンのインクのしくみ

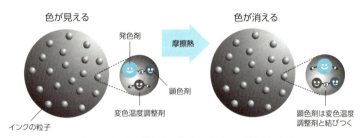

インクに含まれる発色剤は単独では無色で、顕色剤と結びついたとき、はじめて色が見えるようになります。ところがラバーでこすって熱を起こすと、顕色剤は変色温度調整剤と結びつき、発色剤との結びつきが切れてしまいます。つまり、発色剤は無色に戻ります。

　消せる秘密は、そのインクにあります。「フリクション」とは、日本語で「摩擦」という意味。摩擦熱によって色が無色透明に変わるインクが使われています。

消せる秘密はインクの中の3つの成分

　消せるボールペンに使われているインクの中には、直径２〜３ミクロンのマイクロカプセルが入っており、その中には3つの成分が含まれています。赤・黒・青などの発色剤、発色をうながす顕色剤、さらに変色温度調整剤です。発色剤は、単体では色を出すことができません。常温では顕色剤と結合していて、その間だけ書いた文字に色がつきます。

　しかし、文字をラバーでこすり、65度以上の熱が発生すると、顕色剤は変色温度調整剤とくっつきます。つまり、発色剤と顕色剤の2つはバラバラになり、文字から色が消えて無色になるのです。

　ちなみに、消した文字は常温であれば消えたままですが、そこに

ファックスの感熱紙に使われる発色剤のしくみ

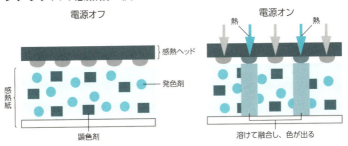

感熱紙は、ファックスの感熱ヘッドの熱パターンがそのまま転写される紙です。紙には発色剤と顕色剤が塗り込まれていて、加熱された部分だけ発色剤と顕色剤が溶けて融合するため色が現れます。

書かれたインク自体が消えてなくなったわけではありません。マイナス20度の冷凍庫に入れて冷やすと、消えた文字は再び現れます。変色温度調整剤は、冷やされたときにも作用するのです。

消せるボールペンと同じインクはファックスにも

　消せるボールペンの発色剤に使われているロイコという染料は、ファックス（ファクシミリ）で使用される感熱紙にも使われています。ファックスは文字や画像などを電気信号に変えて電話回線で送り、受信した側は電気信号に合わせてそれを紙面上に再現しますが、印刷には感熱紙が使われます。

　感熱紙の表面にはロイコ染料と顕色剤が塗り込まれていて、加熱された場所だけ、発色剤と顕色剤が溶け合って黒色などに変化します。つまり、黒色に変色した部分が、文字や画像になるわけです。

　ファックスにはインクもトナーもありませんが、用紙に秘密があったのですね。

瞬間接着剤が「一瞬」でくっつくのはなぜ？

スマホのケースが割れちゃったから、瞬間接着剤でくっつけてみたの。本当に瞬間でくっついたよ。

接着剤は最初は液体だけど、固体になることでモノの接着面をくっつける。瞬間接着剤は、固化するのが瞬間ということだね。

へー、そうだったんだ！ でも、どうやってそんなに早く固体になるのかしら？ なにか秘密がありそうね。

接着剤はモノを接着するときに固体化する

　今どきの接着剤（せっちゃくざい）は木材やプラスティックはもちろん、ゴム用や陶器用など、いろいろなシーンで重宝されています。しかし、固まるまでに時間がかかったり、動かしたり力を加えたりすると接着面がずれてしまい、ついイライラしてしまうこともありますね。

　そんなストレスを解消してくれるのが瞬間接着剤です。でも、普通の接着剤とどこが違うのでしょうか？ その謎を解くには、まず接着剤がモノとモノとをくっつけるしくみを知る必要があります。

　接着剤を使ったときのことを思い出してみてください。接着剤はチューブから出てくるときは液体です。それをモノとモノの間に塗

瞬間接着剤の分子に起こっている変化

モノマー

❶ チューブに入った状態の接着剤の分子は「モノマー」というバラバラの状態です。

空気中の水分

❷ チューブから瞬間接着剤を出すと空気中の水分と反応します。

固化

❸ バラバラの分子は急激に固く結びつきます。

ポリマー

❹ 分子は次々と連結していきポリマー（高分子）を形成します。

ると、乾くにしたがって固体化します。つまり、両方の分子の間に入り込んだ液体が固まることで分子と分子が結合するわけです。

空気中の水分と反応して分子と分子を結合

接着剤は液体から固体に変化することで、モノ同士をくっつけます。つまり、瞬間接着剤は、液体から固体に変わる時間が「瞬間」という性質を持つ接着剤というわけです。

そこで瞬間接着剤に用いられているのが、シアノアクリレートという物質です。シアノアクリレートは水分と反応し、秒単位で固化します。しかも、空気中に含まれている湿気や、モノの表面の湿り気程度の水分でも反応するのです。

シアノアクリレートは、チューブなどの容器に入っているときは密封されて液体の状態を保っています。科学的にいうと分子がバラバラの状態、「モノマー」になっています。それが容器から押し出され、空気中の水分に触れると瞬時に固体になります。このとき、

瞬間接着剤がモノとモノを接着するまで

❶ 瞬間接着剤を接着面に塗ると広がっていきます。

❷ モノ同士の接着面を重ねると、相手方の物体にも瞬間接着剤がくっつきます。

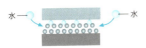

❸ 空気中の水分に瞬間接着剤が反応して硬化します。

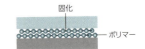

❹ 2枚の接着面の間でポリマー化し、モノ同士をがっちりと接着します。

分子同士はつながって、大きな分子（高分子）になっているのです。この大きな分子を「ポリマー」といいますが、モノマーがポリマーに変化することで、モノとモノが接着された状態になります。

接着剤をたくさんつけるとくっつかない

瞬間接着剤を使用するにあたってよくあるのが、たくさん塗ると接着力が強力になるのでは？という勘違いです。実は、これはまったくの逆効果。接着剤に覆われて、くっつけようとするモノの接着面が小さくなり、くっつきが悪くなります。また、接着剤が多い分、空気中の水分と化学反応するのに時間がかかります。

さらに、一度接着剤を塗り、乾いてしまった個所に接着剤を再び塗っても、接着面に浸透しないため接着しにくくなります。そうしたケースでは、まずは接着面の汚れやごみを取り除きます。さらには、密着性を高めるために、接着面をサンドペーパーなどで下処理して凹凸をつけると効果的です。

第2章　家の中で見つかる科学

食べ物はどうして腐る？ 腐るってどういうこと？

楽しみにしていたシュークリーム、冷蔵庫にしまっておいたのに、お母さんったら捨てちゃったの。

捨てたのは腐ってたからじゃない？　冷蔵庫に入れておいても、食べ物は腐ってしまうんだよ。

そういえば、食べ物を腐らせるのは微生物だって聞いたことがあるわ。一度とりついたら冷蔵庫の中に入れたって消えないのね。

食べ物を腐らせるのは微生物

　もし、肉眼でミクロの世界が見えたらどうでしょう。きれいなはずの風呂場にはカビ、ベッドにはダニ、肉や野菜を切る包丁やまな板にもたくさんの菌が棲息しているのが見えて、うっかり食べ物なんて口にできないかもしれません。

　私たちが口にする食べ物を腐らせるのは微生物です。微生物は顕微鏡を使わないと見ることができない小さな生き物のことをいい、細菌やカビのほかに、アメーバやゾウリムシなども含まれます。微生物は食べ物にとりついて糖質やたんぱく質といった栄養素を食べ、別の成分に変化させて出します。人間であれば「排泄」といいますが、微生物の場合は「分解」といい、食べ物の腐敗の原因はこの分

59

食べ物の表面では微生物が活動している

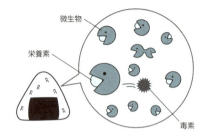

食べ物についた微生物は、食べ物の栄養素を食べて分解し、元の成分を変質させます。物質が変質して人が食べられなくなる状態を腐敗といい、変質して有害になった物質が腐ったときのにおいや粘り気の原因になります。

解です。食べ物の成分が変質して、人が口にできなくなった状態を食べ物が腐ったと表現しているのです。

　驚くべきは微生物の増殖力。微生物の多くは分裂して増えます。仮に10分に1回分裂する微生物が1個、食べ物に付着したら、5時間後には10億個以上もの細菌が食べ物にとりついている計算です。当然、その分だけ腐敗が早まることになります。

　一般的に微生物が増殖に適した環境は30〜37度といわれますから、増殖を抑えるには低温で湿気のないところが適しています。つまりその条件を満たしているのは冷蔵庫です。

　しかし、あくまでも微生物の増殖が鈍るだけのこと。すでに付着した微生物の活動は続いていますから、腐敗は進みます。肝に銘じておきたいのは、冷蔵庫は魔法の箱ではないということです。

発酵や熟成も微生物の力によるもの

　さらに、微生物が分解によってつくり出した毒素が、人間にとって有害となる場合も多くあります。腐った食べ物から変なにおいがしたり、糸を引いたりするのはこの毒素が原因。毒素がつくり出さ

微生物の繁殖は倍々ゲーム

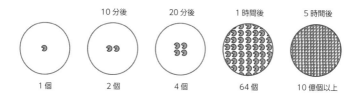

単細胞生物である微生物は、分裂して2倍に増えます。10分ごとに2倍に増える微生物だとすると、食べ物にたった1個でもついていれば1時間後に64個、2時間後に4,000個以上、3時間後に26万個以上……5時間後には10億個以上に増えていることになります。

れてしまったら、火を通してもその食べ物は食べられません。

とはいえ、微生物は悪玉ばかりではありません。微生物が分解してつくり出す成分は毒素とは限らず、私たちにとって有用となる場合もあります。発酵はその代表例。味噌や醤油、ヨーグルトなどは、微生物の力を借りて食品を変質させてつくっています。

また、このところよく耳にするのが熟成、あるいはエイジングと呼ばれる変質手法の食品です。熟成肉と銘打たれた肉をスーパーやレストランなどで見かけますが、これは適切な微生物を付着させ、作用させた肉のこと。肉を腐らないように一定期間寝かせることで、微生物が生み出した酵素がたんぱく質を分解し、アミノ酸に変化させ、旨味成分を引き出します。ただし、熟成には酵素がうまく働くための温度、湿度、時間の管理が必要です。管理がうまくいかなければ有害な微生物が増殖し、腐敗してしまいます。一般家庭で熟成肉をつくるのは、薄氷を踏むようなもの。安心、安全を期するなら、プロの手によって熟成されたものを口にするのが賢明です。

抗菌加工製品の「抗菌」ってどういうこと？

私のペンケースに「抗菌」っていうラベルが貼ってあるけど、いつもきれいだっていうこと？

抗菌はね、細菌などがつきにくいっていうことなんだ。いつも自分できれいに拭いておけば安心だね。

じゃ、細菌を殺したり、減らしたりしてくれるわけではないんだ？　殺菌とか抗菌とか除菌とか、違いが少しわかりにくいよね。

殺菌や除菌とは違う「抗菌」

　私たちの暮らしの中には、「抗菌（こうきん）」の効果をうたった製品があふれています。衣類や文具、キッチン用品、電化製品、住宅の建材や設備まで枚挙（まいきょ）にいとまがありません。しかし、抗菌の意味をきちんと理解している方は意外と多くないでしょう。なるほど、抗菌に似た言葉には、細菌を殺す「殺菌（さっきん）」、細菌を完全に殺し尽くす「滅菌（めっきん）」、洗浄して細菌を取り除く「除菌（じょきん）」、細菌の増殖を抑える「静菌（せいきん）」とあり、なにがなにやらというのが本音ではないでしょうか。

　ハッキリしているのは、抗菌加工製品は、殺菌や除菌、滅菌のように菌を殺したり弱めたりするためのものではないということです。

殺菌・抗菌・除菌の違い

	意味	適用
	細菌やウイルスを殺す	
殺菌	細菌やウイルスを殺す（殺す数に決まりはない）	医薬品・医薬部外品のみ
滅菌	すべての細菌やウイルスを殺す	医薬品・医薬部外品のみ
消毒	細菌やウイルスを殺して減らす（活動を弱めさせる）	医薬品や医薬部外品のみ
	細菌やウイルスを殺さない	
抗菌	細菌の増殖を抑制する	雑貨品など多くの商品
除菌	細菌やウイルスを取り除く（取り除く数に決まりはない）	雑貨品など多くの商品

　抗菌とは、細菌の増殖を抑制(よくせい)すること。抗菌加工製品は、細菌がつきにくいように加工されている製品をいいます。ですから、抗菌加工のタッパーは細菌が繁殖しにくいタッパーであって、入れた食品に細菌がまったくつかないわけではありません。

抗菌剤に用いられる金属

　抗菌加工製品において、抗菌剤として用いられるものには金属があります。銀や銅、チタンには、殺菌作用があることがわかっています。たとえば銀イオンは、わずかな量を水に混ぜるだけで殺菌作用が生まれます。細菌に付着し、細胞内の酵素(こうそ)の阻害を引き起こすなどして、細菌を死滅させるのです。

　また、酸化チタンには「光触媒(ひかりしょくばい)反応」による殺菌効果があります。光触媒は、光を吸収することで化学反応を促進させる物質です。酸化チタンをコーティングした素材の表面に、太陽や蛍光灯の光があたると強力な酸化反応が生じ、表面にある細菌や有機化合物などの有害物質を分解します。

　抗菌を目的とした製品の多くには、このような金属が配合された

抗菌剤を後加工した繊維

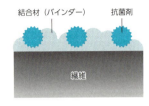

繊維に抗菌加工をほどこす際は、繊維に抗菌剤が練り込まれます。また、有機系の抗菌剤は、繊維に結合材（バインダー）をコートし、そこに抗菌剤を固着させます。

酸化チタンの抗菌作用

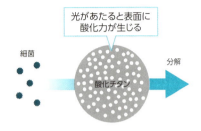

光触媒である酸化チタンに光があたると、酸化チタンの表面に酸化反応が生じます。この力で、細菌や有機化合物などを分解します。

り練り込まれたり、あるいは表面に塗られているのです。

抗菌効果が保証された製品にはマークがある

　抗菌剤には、とても身近なものも使われています。それが、お茶に含まれるカテキン。ポリフェノールの一種で、渋味や苦みの主成分です。食中毒をもたらす黄色ブドウ球菌などに対する抗菌効果が確認されていて、食中毒予防の効果が期待できます。

　有機系の抗菌剤を繊維に加工する場合は、結合材（バインダー）を生地にコートし、そこに抗菌剤を固着させます。生地全体に抗菌剤が付着するため、抗菌効果が短時間で表れるといわれます。

　なお、抗菌加工製品の中には、抗菌効果が確かではない製品があるのも事実です。そこで、業界団体が調べて抗菌効果が保証された繊維製品には「SEK」マーク、繊維以外の製品には「SIAA」マークがつけられています。

第3章

乗り物・外で見かける科学

巨大な飛行機が空を飛べるのはなぜ？

今度、はじめて飛行機に乗るんだ。でも、あんなに大きく重いものが空を飛ぶなんて！　そう思ったら少し不安になってきたの。

飛行機が苦手な人はみんなそういうよね。飛行機はね、揚力という力のおかげで浮いたり飛んだりしているんだ。

へー、揚力っていうものがあるのね。そのしくみがわかれば、空の旅も安心できそう！

飛行機は「揚力」で押し上げられている

　ジャンボジェット機が実際に飛ぶときの重さは約350トンもあります。こんなに重い金属のかたまりが、どうして空に浮かぶのでしょうか？　その秘密は飛行機の大きな翼、「主翼」の形にあります。

　主翼の断面は、上側が丸く盛り上がっていて下側は平たく、かまぼこのような形をしています。このような形の翼に強い風があたると、空気は上と下にわかれて流れますが、上側は丸くなっているために空気が流れる距離が長く、下側は平たいために短くなります。上下にわかれた空気が翼の後ろで合流するためには、上側を流れる空気の方が速く流れないといけません。そのため、主翼の上側の空気の方が下側の空気よりも流れは速くなります。

飛行機は「揚力」の上向きの力で浮かぶ

①翼の上側の空気の流れが速くなる

②気圧の低い方に向かって押し上げる力が発生する

空気の流れが速い翼の上側は、気圧が低下します。反対に空気の流れが遅い翼の下側は気圧が高くなります。すると、気圧が高い方から低い方へ押し上げる力が発生します。これが「揚力（ようりょく）」です。

空気は流れが速くなるとうすくなり、「気圧」が低くなります。気圧とは空気の圧力、空気が押す力です。主翼の上側の気圧が低くなると、上から押さえつける力よりも下から押し上げる力の方が強くなり、翼は浮かび上がろうとします。この力を「揚力（ようりょく）」といい、この揚力によって飛行機は浮かんだり飛ぶことができるのです。

高速移動が巨大な揚力を生み出す

揚力は、空気の流れが速いほど、その力が大きくはたらきます。上空の飛行機は時速約800キロで航行していますが、主翼にものすごい勢いの空気があたるため、揚力もとても大きなものになります。離陸するときに時速240〜300キロという速さで地上を滑走するのも、速い流れの空気を主翼にあてるためです。

揚力の大きさは、翼の面積や形状によっても変わります。離

揚力は紙で確かめられる

A4サイズくらいの紙のはしを持って、息を強く吹きかけてみましょう。紙が浮き上がりますが、これも揚力による現象です。

ドローンは揚力の差でコントロールする

プロペラの回転速度がすべて同じだと揚力がつり合い、その場に停止します。左右どちらかの回転数を変えると揚力の差が生まれ、ドローンは揚力が小さいほうに傾いて動きます。前進、後退するときも同じしくみです。

着陸時は速度が落ちて揚力が小さくなるので、飛行機の主翼から「フラップ」という隠れた翼を出し、主翼の面積を広げて足りない揚力を補います。また、フラップには前方からの風を下に受け流すように角度がついているので「反作用」という上向きの力もはたらきます。この2つの力を合わせて機体が落ちないようにしています。

ヘリやドローンはプロペラで揚力をつくる

ヘリコプターやドローンも、揚力を利用して浮遊します。大きな翼に空気をあてるのではなく、プロペラを高速回転させることで揚力を発生させています。プロペラを斜めにして回転させ、下方向に強い風を発生させて、揚力にするというしくみです。

4枚のプロペラがついているドローンは、機体のコントロールも揚力で行います。たとえば右側の前後2枚のプロペラの回転だけを速くすれば、左右に揚力の差が生まれ、右側の方が高く持ち上がります。ドローンは左側へと傾き、左方向に移動できるのです。

第3章 乗り物・外で見かける科学

鉄のかたまりの重い船が水に浮くのはどうして?

念願のクルーズ旅行に申し込んだんだ。船の中にレストランやショップ、ジムやプールもあるんだよ。楽しみだなー。

クルーズ船なら私も見たことがあるわ。まるでホテルが海に浮かんでいるみたいだった! あんなに大きくて重い船でも水の上に浮くのね。

水にものを入れると、ものを押し上げる力がはたらくことは知ってる? 浮力といって、船はこの力をうまく利用するつくりになっているよ。

水の中では押し上げる力がはたらく

10円玉や100円玉は水に入れると沈むのに、鉄でできた巨大な船がどうして海に浮かんでいるのか不思議に思いませんか? クルーズ客船の重さは5万トン以上、オイルタンカーともなると全長は300メートル、重さは10万トンをゆうに超えるものもあります。

鉄の船が浮かぶのは、「浮力」が関係しています。みなさんもお風呂やプールに入ったとき、体が軽くなるような感覚を味わうでしょう。水に物体を入れると、水中ではその物体を浮き上がらせようとする上向きの力がはたらきます。これを浮力といいます。

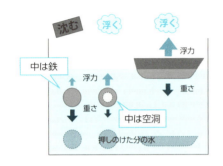

同じ鉄でも大きさや形で浮力は変わる

鉄球（鉄のかたまり）は、押しのけた水の重さ（浮力）より重いので沈みます。球体の中をくりぬくと鉄球は軽くなりますが、浮力は変わらないため、浮力の方が大きくなり鉄球は浮きます。球体を船の形にすると、押しのけた水の重さより船の方が軽くなり、浮力は大きくなって船は浮きます。

浮力の大きさは押しのけた水の重さ

　では、浮力というのはどれくらいの大きさなのでしょうか？　浮力は、物体が押しのけた水の重さと同じ分だけはたらきます。というと、ちょっとわかりにくいかもしれませんね。それではここで、水をかたまりと考えてみてください。水と物体がまったく同じ大きさ（体積）のかたまりだったとして、物体が水よりも軽いか、重いかで浮力は決まります。物体が水よりも軽ければ浮きますし、重ければ沈んでしまうのです。

　たとえば、同じ大きさの鉄球を水に入れると、押しのけられる水の量は同じです。つまり、どちらも同じだけの浮力がはたらきます。ところが、2つの鉄球のうち、ひとつは中身もぎっしり鉄で、もうひとつは中身がくりぬかれて空洞だったとします。すると、中身がつまった鉄球は、押しのけた水の重さより重く、浮力の方が小さいので沈んでしまいます。一方、中身がくりぬかれた鉄球の方は、押しのけた水の重さより軽いため、浮力の方が大きくなって浮かびます。

　同じことは、鉄でできた船にもいえますね。

第3章 乗り物・外で見かける科学

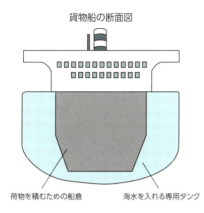

貨物船の断面図

荷物を積むための船倉　　海水を入れる専用タンク

船の下部には大きな空間がある

貨物船などの下部には、船倉やタンクなどの巨大な空間が設けられています。空間によって船の体積を増やし、受ける浮力を大きくしているのです。荷物がなく船体が不安定になるときは、「バラスト（重し）」として専用のタンクに海水を入れて重さを調節します。

船は空間を多くして大きい浮力を得る

　何万トンという重さ、何百メートルという全長のクルーズ客船やタンカーであっても、中にまで鉄が詰まっているわけではありません。クルーズ客船には客室などのたくさんの空間がありますし、タンカーは大部分がタンクという広い空洞です。外からは鉄のかたまりに見える船ですが、実は中は空間だらけです。船とまったく同じ大きさ、形の水のかたまりがあって重さを比べたとしたら、船の方が水よりも軽いのです。船は空間を多くすることで、人や荷物を積んだ状態であっても、全体の重さが押しのけた水の重さよりも軽くなるようにつくられています。だから海に浮かびます。

　ちなみに、水1ccの質量は1gですが、海水には約3％の塩分が含まれています。そのため、1ccあたりの質量は約1.02gと真水よりわずかに重くなり、浮力も真水の1.02倍になる計算です。海に入るとプールよりも体が浮きやすくなるのは、海水の方が浮力が大きいからだったのですね。

リニアモーターカーが超高速で走れるしくみは？

この前、品川駅に行ったよ。そうしたら、リニアモーターカーの工事が進んでいてビックリしたの。もっと先のことかと思ってたのに。

リニア中央新幹線のことだね。開業までもう10年をきっているんだ。実現したら品川〜名古屋間をたったの40分で結ぶ予定だよ。

新幹線が進化すればそのくらいのスピードで走れるようになるんじゃないの？

レールの上を走る以上、難しいだろうね。磁石の力で車体を浮かせるリニアだから実現できるスピードなんだ。

新幹線を超えたリニアのスピード

　現在、東京〜大阪間を最短約2時間半で結んでいる日本の新幹線。50年以上かけて徐々にスピードアップし、これまでの最高時速は東北新幹線「はやぶさ」などの320キロです。ただし、新幹線は車輪とレールの摩擦の力で走ります。一定の速度を超えると車輪が上滑りを起こしてしまい、それ以上速度を上げるのが難しくなってし

まいます。

　現在、新幹線の実験での最高時速は約500キロです。ところが、これをはるかにしのぐ時速600キロを記録したのがリニアモーターカーです。営業運転でも時速500キロを目指していて、全線開通すれば東京〜大阪間を最速67分で行き来できるようになる予定です。新幹線を超えるスピードは、車輪を使わず、磁石の力で車体を浮かせて走ることで実現しています。

強力な磁力を生み出す超電導磁石

　リニアモーターカーの車体には、N極とS極の磁石が交互に取り付けられています。また、U字型になった走行路（ガイドウェイ）にも磁石が設置されていて、N極とS極を切り替えられるようになっています。

　ご存じのように、磁石にはS極とN極があり、N極同士とS極同士は反発し、N極とS極は引き合う性質があります。リニアモーターカーの車両は、N極とS極の引き合う力と、N極同士・S極同士の反発する力を使って浮かび上がったり前進したりします。たとえば、反発する力で車体を前に押し出したり、引き合う力で車体を持ち上げたりするわけです。

　とはいえ、私たちがよく知る磁石だと、常に磁力を放出しているのでコントロールしにくいのが難点です。さらに、発熱すると磁力が弱まるのも悩みどころです。そのため、リニアでは「電磁石」を使っています。電磁石とは、金属の線を巻いたコイルで、電流を流したときだけ磁石になるので、磁力のオン・オフを簡単に切り替えられます。しかも電流を大きくするほど、金属線を巻く回数を多くするほど磁力が強くなるという性質を持つため、自然界に存在しな

浮上・案内コイルのしくみ

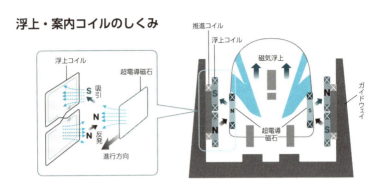

浮上コイルは中央がねじれた8の字型。上下に並んだ磁石の極がそれぞれ違うため、上への吸引と下からの反発、2つの力がはたらきます。それにより、車体を一定の位置に安定させられます。

いレベルの強い磁石にできるのです。

ただし、強力な電流を流し続けるとコイルが発熱し、磁力のエネルギーが熱となって逃げてしまいます。そこで、リニアモーターカーでは、半永久的に大電流を流してもコイルが発熱しない「超電導磁石」という特殊な磁石が使われます。

引き合う力と反発力を高速で切り替える

リニアモーターカーが走るガイドウェイには、2種類の超電導磁石が取り付けられています。ひとつは車体を浮かせ、安定させるための「浮上・案内コイル」。もうひとつは車体を前に進ませるための「推進コイル」です。

浮上コイルに電流を流すと、車体側の磁石と反発して、車体が浮き上がります。そのままだとふわふわして車体が揺れますが、車体が遠ざかると引き合う力、近づいたときには反発する力をはたらかせて、案内コイルが車体を常に中央の位置に戻します。リニアモー

推進コイルのしくみ

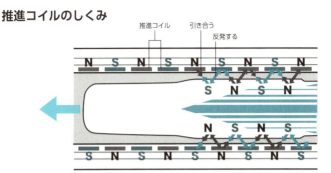

N極とS極が交互に並んだ推進コイルは、後ろから押し出す力と前に引き寄せる力が同時にはたらきます。コイルの極性は、車体の通るタイミングに合わせて高速で切り替えられます。

ターカーはこうして地上から約10センチ浮いて走ります。

そして推進コイルに電流を流すと、ひとつおきに磁石はN極、S極になります。たとえば車体側の磁石のひとつがN極だとすると、推進コイル側のN極と反発してまず前に押し出され、その次はS極に引き付けられてまた前進します。車体が磁石ひとつ分動いたときに推進コイル側のN極、S極をすばやく切り替えれば、車両はどんどん進みます。これを高速で繰り返すことで、リニアモーターカーは時速600キロ以上の超スピードで前進できるのです。

未来の乗り物、リニアモーターカーを支えているのは、意外と身近な磁石の力だったのです。

電気自動車は
ガソリン車となにが違うの？

先生が車のカタログを見てる……車を買い替えるの？

そうなんだ。そろそろ電気自動車やハイブリッド車を検討してもいいかな、と思ってね。

電気自動車？　ハイブリッド車？　ガソリンで走るふつうの自動車とどこが違うの？

電気自動車は電池で動くよ。電気でモーターを回転させて走るんだ。ハイブリッド車は、ガソリン車と電気自動車の特徴を組み合わせた車だよ。

ガソリン車はエンジンで走る

　ラジコンやミニ四駆などおもちゃの世界では昔から存在していた電気モーターで動く車。最近は本物の自動車でも実用化され、公道でもごく普通に見かけるようになっています。

　電気自動車とガソリン車の違いは動力です。ガソリン車は燃料となるガソリンをエンジン内で爆発させて、その力でタイヤを回転さ

せています。1回の給油で走れる距離が長く、ガソリンが切れても給油すればすぐ走れるため、高速道路など長距離を走るのに適しています。反対に排気ガスが出る、エネルギーロスが多い、パーツ数が多いなどのデメリットがあります。

一方の電気自動車はバッテリー（電池）でモーターを回転させてタイヤを動かします。排気ガスが出ない、加速が速い、パーツが少ない、制御しやすいなど数々のメリットがあり、パワーも引けを取りません。ですが、2019年現在では1回の充電で走れる距離が短いといったデメリットも抱えています。

電気自動車はモーターの回転で走る

どちらも一長一短ではありますが、これからは電気自動車の時代といわれます。どんなしくみになっているのでしょうか？

電気自動車はシンプルな構造で、極限まで絞れば、動力源のバッテリー、車を動かすモーター、電力をコントロールするパワーコントロールユニットの3つのパーツで構成できます。その中でも肝になるのがモーターです。

モーターは、常に磁力を発する「永久磁石」とコイルを組み合わせたものです（次ページの図）。ブラシと整流子が触れるとコイルに電流が流れるようになっていて、永久磁石の間にはN極からS極に向かって磁界が発生しています。磁界と電流にはさまざまな関係がありますが、そのひとつに磁界の中で電流を流すと力が発生するというものがあります。その際、「力がどの方向にはたらくか」が重要になるのですが、これは磁界と電流の方向によって決まります。

「フレミングの左手の法則」という名前に聞き覚えがあるでしょうか。左手の親指・人差し指・中指をそれぞれ直角になるように立

磁界と電流で回転力を生むモーターのしくみ

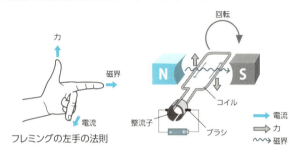

フレミングの左手の法則

磁界の中でコイルに電流を流すと、フレミングの左手の法則に基づく方向に力が発生し、図のコイルは右回りに回転します。整流子（せいりゅうし）は、コイルの先につけてある筒を半分にしたような小さな金属の部品です。この部品をつけておくと、コイルが半回転するごとにコイルのプラス・マイナスが入れ替わります。これで力の向きを一定に保つことができ、コイルは同じ方向に回転し続けるのです。

てると、親指が力、人差し指が磁界、中指が電流の方向と合致するというものです。試しに上のイラストを見ながら、磁界と電流の方向に指を合わせてみてください。電流の方向はコイルの左右で逆向きになっているので、左側は親指が上、右側は下を向きます。つまりこのコイルに電流を流すと左側には上向きの力が発生し、右側には下向きの力が発生するわけです。その力によってコイルは時計回りに回転します。

　イラストの装置はコイルの回転に合わせて、電流の方向も変わるようになっています。そのため電流が流れる限り、左側には上向きの、右側には下向きの力がはたらき、コイルは回転し続けます。これを高速で行っているのが電気自動車のモーターです。

エンジンとモーターを両方搭載したハイブリッド車

　ガソリン車の数々の弱点を克服し、さらなる進化が期待される電

ガソリン車・電気自動車・ハイブリッド車の違い

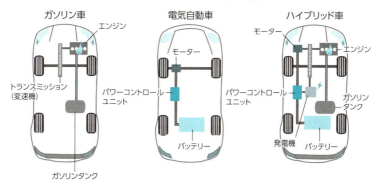

ガソリン車の動力源はエンジンです。燃料のガソリンを燃やしたときの爆発力をパワーにして走ります。車1台に使われている部品の数は約3万点といわれます。

動力源はモーターです。車に搭載した大容量バッテリーに充電し、電気を燃料にして走ります。車1台に使われている部品の数は約1万点といわれ、ガソリン車よりも少ないです。

エンジンと、モーターの2つの動力で走行します。エンジン駆動が主体の「パラレル方式」、モーター駆動が主体の「シリーズ方式」、エンジンとモーターを使い分ける「シリーズ・パラレル方式」の3種類があります。

気自動車。ただし、1回のフル充電で走行できる距離にはまだ難があり、バッテリーの容量を増やそうとすると物理的に重くなるという壁も存在します。

　そのため現在は、ハイブリッド車も広く普及しています。エンジンとモーターを搭載し、2つの動力源で走行する自動車です。加速や短距離移動はモーターで行い、長距離ではエンジン走行に切り替えることで、両者の長所を生かせるのです。

　ハイブリッド車や電気自動車は「エコカー」と呼ばれます。二酸化炭素の排出が少ない環境にやさしい自動車であることも、これらのメリットです。

どうして電車が急に止まると体は倒れそうになるの？

危ない！　走っている電車の中でジャンプなんかしちゃダメだよ。

だって、ジャンプしている間に窓の外の景色は後ろに流れていくでしょ。すごく長い距離を飛んでるみたいで、おもしろいんだもの。

お、すごいところに気づいたね。きみが体験したのは「慣性」だ。一定の速さの場合、動いているものは動き続けるし、止まっているものは止まり続ける性質だよ。

外力がはたらかないと物体は同じ速度で運動を続ける

　家の中でも新幹線の中でも、真上にジャンプすれば着地するのは、元の場所です。リビングで跳ねてキッチンに着地、新幹線の1号車でジャンプして4号車に着地なんてことは普通ありえません。

　では、新幹線の窓から外を眺めながらジャンプしてみたらどうでしょう。窓の外に見えている道路や建物は、ジャンプしている一瞬の間にも後ろに流れ去っていきます。ジャンプの瞬間、外に森が見えていたのに、着地したときはトンネルの中ということもありえます。それなのに「同じ場所」に着地といえるのでしょうか？

　この現象を説明するのが「慣性の法則」です。簡単にいえば「一

新幹線の移動と慣性の法則

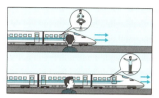

慣性がある
新幹線の1号車の車内で乗客がジャンプすると、着地するのは同じ1号車です。しかし、外で見ている人の視点では、ジャンプした一瞬のうちに目線の先から進行方向へだいぶ進んだように見えます。ジャンプ中の人は、新幹線と同じ速度で移動しているのです。

慣性がない
もし慣性がなかったら体は元の位置のままです。一方、新幹線はものすごい速さで進みますから、人は新幹線の壁に衝突してしまうでしょう。

定の速さで動いているものは動き続け、止まっているものは止まり続ける」という物理法則です。でもそうなると、「投げたボールがどこまでも飛んでいかないのはおかしい」となりますね。実は慣性の法則には「外部から力が加わらなければ」という但し書きがあります。地球上の物体には重力や空気抵抗などさまざまな力が加わるため、いずれは止まってしまいます。しかし、これら外部の力が加わらない宇宙空間では、ボールは止まらずに延々と進み続けます。

電車で倒れそうになるのも慣性

　新幹線が走っているとき、乗客の体は新幹線と同じ速度で前に進んでいる状態です。そこでジャンプをしても慣性の法則により、体の移動速度は落ちず、新幹線と同じ速度で進み続けます。もし仮にジャンプしたとたんに体が急停止してしまったら、車内で自分の体だけが置き去りにされてしまうでしょう。1号車でジャンプして1号車に着地できるのは慣性があるからです。

　もう少し日常的な場面でいうと、電車が急停止したときに体が前につんのめるのも慣性の影響です。電車がブレーキをかけて停止状

投げたボールにはたらく力

投げたボールには慣性がはたらき、本来であれば直進し続けるはずです。しかし、物体には、重力（地球からの引力）や空気抵抗（空気から受ける逆向きの力）がはたらきます。そのためボールの動きは停止します。

態になっても、乗客の体は前に進み続けようとするので、体だけが前に投げ出されてしまうのです。反対に、急発進するときに体が後ろに引っ張られるのは、電車が動き出しても体だけはその場にとどまろうとするからです。

慣性は宇宙規模ではたらく物理法則

それでは、スケートボードの上でジャンプして、再びボードの上に着地するのが難しいのはなぜでしょうか？ 理由のひとつは、密閉空間の新幹線と違って、体が空気抵抗を受けるためです。体もスケートボードも慣性で前に進みますが、受ける空気抵抗の大きさには差があります。空気抵抗が少ないスケートボードは前に進みますが、体はより大きな空気抵抗に阻まれて失速します。そのため、体とボードの位置がずれてしまい、着地するのが難しくなります。

ふだんは意識しませんが、慣性はあらゆる場面ではたらいています。たとえば、地球だって自転や公転というかたちで動いていますから、その上で生活している私たちも地球と同じ速度で移動しています。もし慣性がなかったら、ジャンプした瞬間に、地面が先に行ってしまい、大変なことになります。地球の上で普通の生活が送れるのも、慣性があるからなのです。

第3章 乗り物・外で見かける科学

交通系ICカードはかざすだけでなぜ使えるの？

最近は電車に乗るのも、コンビニで買い物するのも、Suica1枚で済むから便利だね。現金をほとんど持ち歩かなくなったよ。

私の定期券もICカードだよ。でも、カードを近づけるだけで、読み取れるのはどうしてかな？

こんなに薄いけど、中にはICチップとコイルが入っていて、読み取り機から電気を受け取れるしくみになっているよ。

中に入っているのはICチップとコイル

　JR東日本の「Suica（スイカ）」やJR西日本の「ICOCA（イコカ）」、首都圏私鉄・メトロの「PASMO（パスモ）」など、交通機関を中心に普及した非接触型ICカード。カードをケースやバッグから出さなくても、改札機にピッとかざすだけで改札を通ることができます。また、お金をチャージしておけば、コンビニや自動販売機での支払いもでき、現金を出す必要がありません。

　このカードの中には、データを記録するICチップとアンテナコイルの回路が組み込まれています。改札機に近づけると、読み取り機から出された磁力線をコイルがキャッチし、電気に変えます。こ

非接触型ICカードの内部

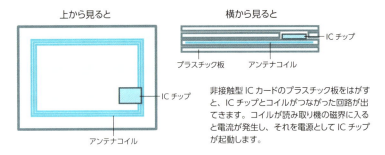

非接触ICカードのプラスチック板をはがすと、ICチップとコイルがつながった回路が出てきます。コイルが読み取り機の磁界に入ると電流が発生し、それを電源としてICチップが起動します。

の電気でICチップを起動し、回路と読み取り機がデータをやりとりするのです。

「電磁誘導」でデータをやりとりする

電気と磁気には不思議な関係があり、コイルに電流を流すと磁力線という見えない線を出します。また、コイルに磁力線を通すとそこに電流が流れます。この現象を「電磁誘導」といいます。非接触型ICカードが利用しているのは、この電磁誘導のしくみです。

カードの中にはICチップとコイルが入っていることはお話ししました。一方、非接触型ICカードの読み取り機には、常に磁場が発生しています。カードをかざすと、読み取り機から出る磁力線をカードのコイルがキャッチし、ICチップに電気が流れます。そして、電気を受け取ったICチップはメモリーのデータを書き換え、別の磁力線を出して読み取り機とデータをやりとりします。

つまり、ICカードのコイルは、アンテナと電源の2つの役割を果たしています。これが、電池がなくても非接触型ICカードが機能する理由です。

電磁誘導でデータを やりとりするしくみ

ICカードのコイルが読み取り機からの磁力線をキャッチすると、コイルに誘導電流（ゆうどうでんりゅう）が発生します。電気を受け取ったICチップが作動すると、コイルから別の磁力線を出します。この磁力線にデータを乗せて、ICカードと読み取り機は通信します。この間、わずか0.1秒です。

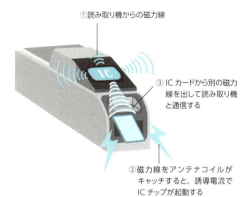

①読み取り機からの磁力線

③ICカードから別の磁力線を出して読み取り機と通信する

②磁力線をアンテナコイルがキャッチすると、誘導電流でICチップが起動する

2枚のICカードを重ねてしまうと……

　非接触型ICカードは磁界の有効範囲によって、密着型、近接型、近傍型、遠隔型の4種類があり、通信距離は密着型が2ミリ以内、近接型が10センチ以内、近傍型が70センチ以内、遠隔型が70センチ以上となっています。交通系ICカードは近接型なので、通信距離は10センチ程度です。

　財布やケースに何枚もICカードを入れていると、改札機にエラーが出て通れないことがあります。これはカード同士で磁力線が干渉し合い、必要な電気を確保できないために起こります。新幹線と在来線を乗り継ぐときなどを除き非接触型ICカードを読み取り機に近づけるときは、ほかのICカードと重ならないようにしましょう。

　ちなみに、ここで紹介した電磁誘導という原理は、IHクッキングヒーターやスマートフォンのワイヤレス充電など、現代の家電で幅広く利用されています。この原理を知っておくだけで、解明できる身のまわりの謎は少なくありません。ぜひ覚えておいてください。

電線にとまっている鳥は なぜ感電しないの？

昨日の風はすごかったね。ここのすぐ近くでも電線が切れて、地面に垂れ下がっていたよ。危ないから、絶対に近づいちゃダメだよ!!

えっ!?　でも、スズメやカラスは平気な顔で電線にとまってるじゃない。どうして人間は触ると危険なの？

鳥は1本の電線にとまっているから大丈夫なんだ。ほかのものにも同時に触れたら、鳥だって感電してしまうよ。

1本の電線だけなら感電しない

　発電所でつくられた電気は、電線を通って各家庭へ届けられています。電気を流そうとする勢いを電圧といい、単位はボルトで表されます。発電所でつくられた電気は最大50万ボルトという非常に高い電圧で送電線に送り出され、いくつかの変電所を通りながら少しずつ電圧が下げられます。そして、家庭に引き込まれる前に、電柱の柱上変圧器で100ボルトや200ボルトに下げられています。
　電気の危険度は一概に電圧だけでは語れませんが、家庭用の100ボルトであっても、人が感電すれば大ケガをしたり、命を落とすこともあります。それなのに、電線にとまっている鳥は感電しません。

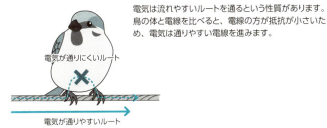

電気は流れやすいところを流れる

電気は流れやすいルートを通るという性質があります。鳥の体と電線を比べると、電線の方が抵抗が小さいため、電気は通りやすい電線を進みます。

なぜ、平気なのでしょうか？　ひと言でいえば、鳥は1本の電線の上にとまっているからです。感電とは電気が体の中を通ることをいいますが、鳥がほかのものに触れていないと、電気の通り道ができません。その先に流れるものがないので、鳥は感電しないのです。

電気には通り道を選ぶ性質がある

電線にとまっている鳥が感電しない理由を、さらに電気の2つの性質から考えてみましょう。

まず電気は、少しでも抵抗の少ない流れやすいところを流れようとする性質があります。ロスなく流れるように工夫された電線と、脂肪などの電気を通しにくい物質を含んだ鳥の体という2つのルートがある場合、いうまでもなく電気が流れやすいのは電線です。そのため、電気は鳥の体を通ることなく、電線をそのまま通り過ぎてしまいます。

また電気は、電圧の高い方から低い方へと流れます。水も高いところから低いところへ流れ、高低差がなければどこへも流れていきませんが、それは電気も同じ。ここで、鳥が電線にとまっているときのことを思い出してみてください。鳥は、両足をそろえて1本の

電線に触れて電気が流れるケース

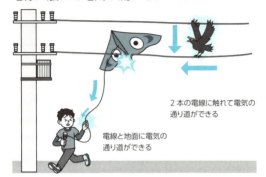

2本の電線に触れて電気の通り道ができる

電線と地面に電気の通り道ができる

電気は通り道ができると流れます。また、電圧の高いところから低いところへと流れます。2本の電線の間、電線と地面の間には電圧の差があるので、この電圧の差で電気が流れます。

電線につかまっています。1本の電線であれば、鳥の右足と左足が触れている地点の電圧はほぼ同じです。つまり、電圧に差がないために電気が流れることはなく、鳥は感電しないのです。

体が電気の通り道になると感電する

では、なぜ人間が電線に接触すると感電してしまうのでしょうか？ それは足が地面についているからです。

たとえば、電線に絡まったものを取ろうとして、棒などで電線に触れたとします。このとき、電線から棒を通って地面へと流れる電気の通り道ができます。また、電線と地面との間には電圧の差があります。そのため、電気は電線から地面へと流れていき、その通り道となる人間の体は感電してしまいます。

鳥にしても、羽根を広げた拍子に別の電線に触れたら大変です。触れた2つの地点に電圧の差があるため、電気は鳥の体を通り道にして流れていきます。鳥も人間と同じように感電してしまいます。

第3章 乗り物・外で見かける科学

使い捨てカイロはどんなしくみで温かくなるの？

あ〜、寒い。こんな日は使い捨てカイロが手放せないよ。すごく温かいし、私はこのモミモミシャカシャカする感触もけっこう好きなの。

カイロの中にどんなものが入っているか知ってる？ シャカシャカの正体は主に鉄の粉なんだ。ほかにもカイロには「科学」がたくさん詰まっているよ。

へー、なにが入っているんだろう？ 火も電気も使わないのにすぐに温かくなるの、前から不思議だったんだ！

中に入っている黒い粉の正体は鉄

懐炉（かいろ）の歴史をさかのぼれば、温めた石を布にくるむ「温石（おんじゃく）」や、金属の容器で炭を燃やす「灰式カイロ」など、さまざまなものがありました。ふとんの中で使う湯たんぽも懐炉のひとつに数えていいかもしれません。

ただ、昔の懐炉はあらかじめ温めたり火をつけたりと準備が面倒でした。それだけに使い捨てカイロが登場すると、一気に普及しました。もむだけで温かくなるので手軽ですし、使う場所もタイミングも選びません。それでいて温かさが約半日も持続するのですから、寒い日の外出に欠かせないアイテムとしてすっかり定着しました。

89

鉄が酸化して熱を発する

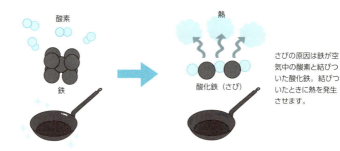

さびの原因は鉄が空気中の酸素と結びついた酸化鉄。結びついたときに熱を発生させます。

そんな便利な使い捨てカイロの中身が気になって、生地を破ってみたことがある人もいるのではないでしょうか。中から出てくるのは黒い粉です。砂場に磁石を差したときにくっつく砂鉄のような見た目と、フライパンのような金属臭で、正体は鉄だと察した人も少なくないでしょう。まさに鉄の粉が熱を放っているのです。

鉄はさびるときに熱を出す

鉄は時間がたつとさびついてきます。それを化学的には酸化といいます。空気中の酸素と鉄が結びついて「酸化鉄」という違う物質に変化する現象です。空気中にある限り、鉄は常に酸化反応を起こし続けていて、その際に熱を発しています。とはいえ、自然に起こる程度の緩やかな酸化では、ごく微量の熱しか放ちませんから、身のまわりの鉄製品に触れても「熱い」と感じることはないでしょう。

使い捨てカイロの温かさは、この酸化熱を利用したものです。人工的に酸化反応を促進させる工夫が施され、多量の熱を放つようにしてあります。

使い捨てカイロの成分と役割

成分名	役割
鉄粉	使い捨てカイロの主成分。酸素と反応して熱を放つ。粒子状にすることで表面積を増やし、酸化反応を速めている。
水	鉄の酸化を促進させる。
塩類	鉄の酸化を促進させる。
活性炭	発熱後、熱を保つ効果と、酸素と鉄を引き合わせる役割がある。
バーミキュライト	水を含ませておくための保水材の役目をする。吸水性が高い人工用土で、日本語では蛭石(ひるいし)という。一般的には農業や園芸に使われる。

水・塩類・活性炭で酸化促進

　使い捨てカイロの中には鉄の粉のほかに、水、塩類、活性炭、バーミキュライト(蛭石)などが混じっています。そしてそれぞれに、鉄粉の酸化を速めるための役割があります。

　水と塩は、鉄粉の酸化を促進させるはたらきをします。海水に浸かった金属はすぐにさびてしまいますが、効果はそれと同じです。活性炭は、発熱がはじまったあと、その熱を保つ効果があります。それと同時に、酸素と鉄が結びつくのを手伝う役割もあります。

　さて、ここまでの説明で腑に落ちないことはありませんか?「使い捨てカイロに水なんて入っていた?」という疑問です。でも、水はちゃんと入っています。バーミキュライトという人工用土に染み込ませてあるのです。これは園芸用などに使われる、とても吸水性が高い土なので、水で使い捨てカイロを湿気らせることなく、水分を混ぜることができるわけです。

　ほかにも包んでいる布は空気を通しやすい構造になっているなど、使い捨てカイロにはさまざまな科学が詰まっています。これを使い捨てるなんて、少しもったいなく感じてきませんか?

花火のようなカラフルな火はどうやってつくるの？

今日は花火大会だね。見に行くのかい？

うん！ 花火ってカラフルできれいだから好き。そういえば、たき火やガスコンロの火はあんなにきれいじゃないよね？

カラフルな火は、炎色反応という現象を利用してつくっているんだよ。金属を燃やすと炎の色が変化するんだ。

金属が燃えると炎に色がつく

夜空を彩る日本の夏の風物詩、花火。赤や緑や紫など実に色鮮やかで、私たちがふだん目にするガスコンロの青い火やたき火のオレンジ色の火とはずいぶん違います。これは花火の玉の中に、炎色反応を起こす金属が使われているからなのです。

炎色反応とは、特定の金属が燃えるときに炎の色が変化する現象です。炎色反応を起こす金属は次ページの表にまとめました。なじみのない物質名が並んでいますが、中には食塩（塩化ナトリウム）に含まれるナトリウムのように、身近な物質もあります。味噌汁が噴きこぼれたときにガスコンロの火が一瞬黄色になるのを見たこと

があるという人もいるかもしれません。それは味噌汁に含まれるナトリウムが反応していたのです。

　受験生は試験によく出てくる物質だけを語呂合わせにして覚えています。

リアカー	無き	K村	動力を
リチウム(Li) (深)赤	ナトリウム(Na) 黄	カリウム(K) (赤)紫	銅(Cu) 青緑

借りると	するもくれない	馬力
カルシウム(Ca) 橙赤（オレンジ）	ストロンチウム(Sr) 紅（深赤）	バリウム(Ba) 黄緑

意味不明な呪文のようで、覚えやすいかといわれれば首をかしげたくなりますが、興味があれば覚えてみてください。

打ち上げ花火はどこから見ても同じ形？

　花火の玉の中には「火薬玉（かやくだま）」という火薬の詰まった小さな玉が敷き詰められています。火薬玉には火薬と一緒に、炎色反応を起こす金属が入っているので、それがリチウムなら赤になりますし、カリウムが詰まっていれば紫になります。

炎色反応を起こす物質

元素	色	元素	色
インジウム	深青	銅	青緑
カリウム	赤紫	ナトリウム	黄
カルシウム	橙赤	バリウム	黄緑
ストロンチウム	深赤	ホウ素	黄緑
セシウム	青紫	リチウム	深赤
タリウム	黄緑	ルビジウム	深赤

あとは火薬玉の配置次第で、さまざまなデザインの花火を描くことができるというわけです。花火職人は、あらかじめ花火のデザインをイメージし、花火の玉がはじけたときに、どこがどういう形や色になるかを計算しながら、火薬玉を敷き詰めているのです。

　ちなみに、「花火ってどこから見ても同じに見えるの？」という疑問がよくありますが、昔ながらの「大輪の花」タイプは、打ち上げられた玉を中心に球形に広がって爆発するため、同じに見えます。ボールをどんな角度から見ても丸く見えるのと同じです。

　ところが最近は、ハート形や星形、キャラクター形の花火など、多彩に進化した花火もお目見えするようになりました。こうした不均一な形をした花火は、見る方向によって形が違って見えます。

花火の断面図

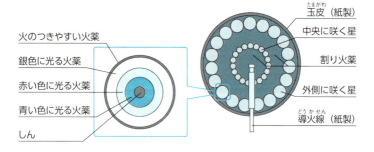

打ち上げ花火の大きな玉の中には「火薬玉」と呼ばれる小さな玉が敷き詰められています。火薬玉には、火薬と一緒に炎色反応を起こす金属が詰められていて、その組み合わせや配置によってさまざまなデザインを描けます。

第4章

ハイテク技術に秘められた科学

スマホはどんなしくみで通話や通信をしているの？

今、遠くに引っ越した友だちと電話をしていたの。スマホってすごいよね。あんなに遠くまで電波が届くんだもの。

それは誤解だよ。実はスマホの電波は数キロ先までしか届かない。飛ばした電波を日本中にある基地局で中継して、相手に届けているんだよ。

直接つながっているわけじゃないんだね。それなのに、通話もインターネットもすぐにつながるのはどんなしくみなんだろう？

スマホの電波は基地局で中継される

　携帯電話もスマホも、ラジオやテレビのように電波で音声をやりとりしています。ただし、実は端末の電波が届く範囲はせいぜい数キロ程度です。日本中、もっといえば世界中のどこにいるかわからない相手の端末と直接電波でつながることはできません。

　それなのに日本のどこにいても通話ができるのは、スマホの電波を送受信できる「基地局」による通信網を日本全国に張り巡らせているからです。基地局というのは、スマホの電波を送受信できるアンテナ設備で、鉄塔やビルの屋上など、全国120万か所ほどに設置されています。これら津々浦々にある基地局を、有線ケーブルでつ

スマホがつながるしくみ

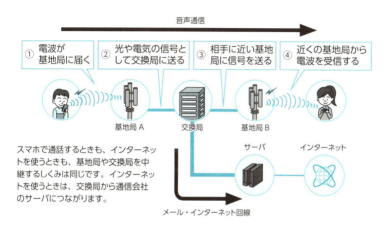

なぐことで、巨大な携帯電話ネットワークをつくり出しています。

スマホから発信された電波は最寄りの基地局まで飛んでいき、そこからは有線ケーブルで相手の最寄りの基地局まで運ばれ、電波で相手のスマホに飛んでいくというしくみになっています。つまり、電波で通信を行うのは最寄りの基地局までで、通信網の大部分は有線ケーブルでつながっているのです。

移動しても通話が途切れないのはなぜ？

AさんとBさんの通話を例に、電波の経路をもう少し具体的に見てみましょう。まずAさんがスマホの通話ボタンを押すと、Bさんのスマホを呼び出すための電波が発信されます。それを受け取るのはAさんの最寄りの基地局です。

基地局が受信した電波は、光や電気の信号に変換され、光ファイバーというケーブルを通って「交換局」に送られます。交換局は、

ハンドオーバーのしくみ

基地局A　　切り替わる　　基地局B

移動しているときなど、通信する基地局を切り替えることを「ハンドオーバー」といいます。スマホは常に電波強度の強い基地局と通信するので、切れ目なく通話や通信ができます。

基地局を有線でつないで中継する役割を果たす設備で、地域ごとに設置されています。Aさん側の基地局から送られてきた光信号は、交換局を経て、Bさんの最寄りの基地局に送られます。

　Bさん側の基地局は、この光信号を再び電波に変換し直して、Bさんのスマホに送信。Bさんのスマホがこの電波をキャッチすれば、2人のスマホはつながり、通話ができるというわけです。

　ただし、移動しながらの通話もありえます。そこで、スマホは常に近隣の基地局の電波強度を測っていて、基地局のエリアから出て強度が弱くなると、より電波強度の強い別の基地局に切り替えるようになっています。このしくみは「ハンドオーバー」と呼ばれます。移動中も違和感なく通話ができるのは、このような多くの通信技術があってのことなのです。

期待の「5G」も携帯電話の通信網を使う

　全国に張り巡らせた基地局でエリアを区切って通信する携帯電話

第4章 ハイテク技術に秘められた科学

移動通信システムの世代

世代		通信速度	特徴
1G	第1世代	-	アナログ方式、音声のみ
2G	第2世代	2.4〜28.8kbps	デジタル方式、音声とパケット通信
3G	第3世代	384kbps	世界標準のデジタル方式
3.5G	第3.5世代	最大約14Mbps	音声とデータ通信
3.9G (LTE)	第3.9世代	最大約100Mbps	大容量データ通信
4G	第4世代	100Mbps〜1Gbps	3.9Gをさらに高速化、大容量化
5G	第5世代	約10Gbps	超高速・超大容量データ通信、超多接続、超低遅延

bps（ビーピーエス）は通信速度の単位で、1bpsは1秒あたりに1ビットのデータを送れるということです。
1kbps＝1,000bps、1Mbps＝1,000kbps、1Gbps＝1,000Mbpsです。

の通信網は、地図上で見ると細胞（セル）のように見えることから、「セルラー回線」と呼ばれます。これまでは通話を例に説明してきましたが、このセルラー回線を使うと、メールの送受信やインターネット接続も行えます。

2019年現在のスマホは「4G」という回線で通信していますが、「G」は「世代（ジェネレーション）」という意味です。大雑把にいえば、数字が大きい方が回線速度は速くなります。現在の4Gでも動画やSNS、ウェブページを楽しむのに十分なスピードが出ていますが、実用化が進む「5G」ではその100倍の速度が出るといわれています。そうなると車の自動運転や遠隔医療など、個人の娯楽という枠を飛び越えて、社会を大きく変えると期待されています。

タッチパネルはどうやって指の動きに反応している？

あれ？　スマホがいくらスワイプしても反応しなくなった。もしかして壊れちゃった？

たぶん指先が乾燥してるんじゃないかな。スマホのタッチパネルは表面の静電気に触れると反応するんだ。指先をちょっと湿らせてごらん。

そうなの!?　あっ、反応した！　よかったー。タッチパネルはいろいろな端末で使われているけど、スマホとゲーム機でも違うのかな？

直感的な操作がタッチパネルのメリット

　駅の券売機や銀行のATM、ペンを使ったものならプリクラやPDA（携帯情報端末）など、タッチパネルは意外と以前から身のまわりにある技術でした。それがiPhoneをはじめとするスマートフォンの普及以降、今やパソコンや携帯ゲーム機などあらゆる端末に搭載されています。画面に直接触ってクリックできるだけでなく、スワイプの種類を使いわけることでスクロールから拡大、縮小まで自由自在。直感的に操作できるのが最大の特徴ですね。

　タッチパネルの基本的な原理は、パネルに指などで触れたときの電気的な変化を検出してその位置を特定するというものですが、主

押すと反応する抵抗膜方式

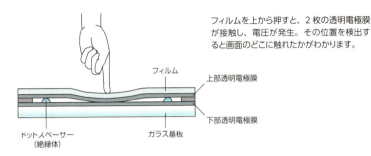

フィルムを上から押すと、2枚の透明電極膜が接触し、電圧が発生。その位置を検出すると画面のどこに触れたかがわかります。

に「抵抗膜方式」と「静電容量方式」の2つの方式があります。

押すと電圧が発生する「抵抗膜方式」

現在、もっとも普及しているのが「抵抗膜方式」です。タッチパネルが、電極を配置した二重の膜になっていて、お互いが触れ合うと電気が流れるしくみになっています。通常は2枚の膜の間にはすき間があるため、非接触状態です。それを上から指やペンで押さえると膜同士が接触し、電流が流れます。それを感知することで、どこを触ったのかを割り出すのです。

上から圧力をかければ反応するシンプルなしくみなので、ペンや手袋着用でも操作が可能です。押し方の強弱も感知できるため携帯ゲーム機などに採用されることが多い一方、繊細な操作には向きません。そのため、スマートフォンには違う方式が用いられています。

静電気に触れると反応する「静電容量方式」

スマートフォンで採用されているのは「静電容量方式」です。この方式では、タッチパネルの中に縦横に規則正しく電極が配置され、

静電気の変化を感知する静電容量方式

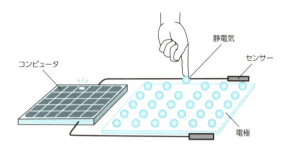

画面の表面は静電気に覆われており、画面に触れると指が静電気を吸収します。センサーは静電気が消失した電極の位置を特定して、画面のどこに触れたかを割り出します。

パネルの表面は常に一定の静電気で覆われた状態になっています。パネルに指先が触れると、その部分の静電気が指に流れて吸収され、電極のどの場所の静電気が吸収されたのかを感知するのです。

将棋で縦の番号と横の番号を組み合わせて「5六歩」というように駒を置いた位置を表しますが、静電容量方式のタッチパネルも電極がきれいに整列しているので、同じ要領で指で触れた位置を表せます。また、複数の電極を同時に感知することもできるので、2本の指をつまむように動かして縮小、指を広げて拡大するといったスマートフォンに欠かせないアクションが可能なのです。

その一方、指や専用ペンのような静電気を吸収するもので触らないと反応しません。手袋着用だったり、指がかさついていたりすると反応しにくいのはこれが原因です。着けたままでもスマートフォンが操作できる手袋は、指先だけ静電気を吸収する素材にして、指で触っているのと同じ状態をつくり出しているのです。

第4章 ハイテク技術に秘められた科学

デジタルカメラはどんなしくみで写真が撮れるの？

見て見て、私が撮った花の写真！ 実際の花よりきれいに写っているよ。

光のとらえ方が上手だね。そもそもカメラは光を記録する機械なんだ。つまり、光を記録したものが写真だね。

そういえば、デジタルカメラはどんなしくみで写真を撮っているのかな？ それがわかれば、もっと上手に写真が撮れるかな。

カメラは光を記録する

　カメラにはいろいろな種類がありますが、レンズを通過した光を記録するという原理はどのカメラも同じです。デジタルカメラは、光をデジタルデータに変換して記録します。それでは、光の動きを追いながら、デジカメで写真が撮れるしくみを見ていきましょう。

　被写体から光を集めるのがレンズです。一般的なレンズは、中心部がふくらんだ凸型になっています。たとえば被写体を花だとすると、花にあたった光はさまざまな方向に反射しています。しかし、そのバラバラの光のうち、被写体からレンズの方に向かって放たれた光は、レンズを通過するとひとつの点に集まります。みなさんは

レンズで集められた光が像になる

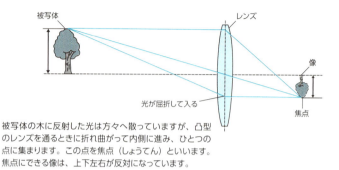

被写体の木に反射した光は方々へ散っていますが、凸型のレンズを通るときに折れ曲がって内側に進み、ひとつの点に集まります。この点を焦点（しょうてん）といいます。
焦点にできる像は、上下左右が反対になっています。

虫めがねで太陽光を集める実験をしたことはありませんか？　原理はそれと同じです。凸型レンズは真ん中が厚く、フチの方にいくにしたがって薄くなっています。中心を通る光はほぼまっすぐに進みますが、フチを通る光は屈折して内側に進みます。フチの外側にいくほど光は大きく曲がり、レンズにさし込んだ光は1点に集まるのです。この光が集まる点を「焦点」といいます。

光をデジタルデータに変換する「撮像素子」

　焦点に集まった光は「感光材」に記録されます。アナログカメラならフィルムですが、デジカメの場合は「撮像素子」という電子部品がそれに相当し、被写体の光を電気信号に変換します。

　撮像素子は、微粒の光センサーが格子状に敷き詰められていて、その1個が1画素です。よくデジカメの性能を表すときに「2000万画素」などと表現されますが、あれは光センサーが2000万個ついているという意味です。

　レンズから光が入ってくると、光センサーは自分が担当するエリ

光を電気信号に変換するしくみ

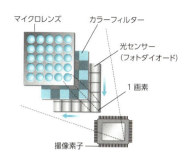

マイクロレンズ
カラーフィルター
光センサー（フォトダイオード）
1画素
撮像素子

レンズで集めた光がカラーフィルターを通過し、光センサー（フォトダイオード）にあたると電気が発生します。1画素は赤・青・緑のうち1色だけを担当していて、たとえば赤色担当の画素は、赤色の光の「あり・なし」や「強弱」を識別しています。この3色の光が集められると多彩な色が表現され、1枚の画像になります。

アに光が「ある（1）」か「ない（0）」かを判断し、光の強弱に応じて電圧をかけます。カメラに内蔵されたコンピュータは、どこにどの程度の電圧がかかっているか、全センサーの情報を集計。画素単位の情報をドット絵と同じ要領でつなぎ合わせていくと、1枚の写真としての画像データが構成されるというわけです。

ただし、光センサーが感知できるのは光の強弱だけで、光の色までは区別できません。そこで、光センサー上には赤・緑・青のカラーフィルターをかけて、センサーごとに通す光の色の担当をわけています。たとえば、赤色担当のセンサーには赤色のフィルターをかけ、赤色の光以外は通過できないようにします。同じように、緑、青と担当を決めて、3色を分解します。

赤・緑・青は「光の三原色」といわれ、この3色でほぼすべての色を再現できます。光センサーの1個1個は非常に小さいものですが、それら三原色の光を集めて1枚の画像を構成すると、人間の目には色のついたきれいな写真に見えるのです。

撮像素子から取り出された画像は、画像処理エンジンでデジタルデータに変換され、さまざまな画像処理が行われます。そして、メモリーカードなどの記録媒体にデジタルデータとして記録されます。

GPSで自分の位置が
わかるのはどういうしくみ？

おつかいに行ってくれて、ありがとう！　道に迷ったりしなかった？

スマホの地図アプリを使ったから、大丈夫だったよ。自分が今いる場所もそうだし、目的地までの距離まで常にわかるなんて本当に便利だね。

スマホの地図アプリは、GPSで位置情報を特定しているよ。それを地図データと合体させて、街中にいる自分の位置を表示しているんだね。

GPSはアメリカの衛星

　GPS（グローバル・ポジショニング・システム）は、人工衛星を使って、自分がどこにいるのかを特定するシステムです。元々はアメリカによって軍事目的で打ち上げられたもので、その後民間での利用が認められて開放されました。

　実は、GPSはアメリカの測位衛星のみを指す固有名詞です。同じようなシステムはロシアや中国、EUも保有していて、日本も機能は限定的ながら測位目的の衛星「みちびき」を打ち上げています。日本はアメリカのGPSをベースにしているので、GPSという名称がよく通っていますが、測位衛星システムの総称は「GNSS（全地

世界各国の測位衛星

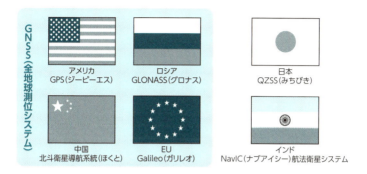

球測位システム）」といいます。

3つの衛星からの距離で現在位置を計算

　さて、約30基あるGPSの衛星は、地球上空2万200キロの軌道を周回しながら、絶えず地球に電波を発信しています。そこに記録されているのは「自分（衛星）の現在位置」と「電波の発信時間」だけです。スマートフォンやカーナビなどのGPS端末側はその情報を受信して、現在位置を計算しています。

　どういうことかというと、電波が進む速度は1秒間に約30万キロと原則一定なので、電波の発信時間と端末での受信時間の差がわかれば、発信元から端末までの距離が割り出せます。

　たとえば、衛星から12：00：00（12時00分00秒）に発信された電波が、端末に12：00：01（12時00分01秒）に着いたとしましょう。衛星から端末まで1秒ですから、端末は衛星を中心とした半径30万キロの円周上のどこかにあることがわかります。でも、円の中のどこなのか、まではわかりません。そこで、3基の衛星か

GPSは3基＋1基の衛星で位置を測定する

衛星A・B・Cが電波を発信した時間と、端末が電波をキャッチした時間の差から、それぞれの衛星との距離が計算できます。その3つの円周の交点が端末の現在位置です。衛星Dには時間を補正する役割があります。

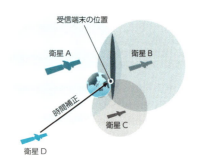

らの情報をかけ合わせて、受信場所をひとつに絞っています。3基の衛星から測定された距離の円周が交わる点が現在位置です。

さまざまな誤差を補正して実用化へ

　それにしても秒速30万キロという超高速の世界ですから、時計が0.1秒ずれていただけで3万キロもの誤差が出ることになります。衛星側は原子時計（げんしどけい）という精度の高い時計を使っているので問題ありませんが、端末側は普通の時計なのでずれることがあっても不思議ではありません。そこで実際には4基目の衛星の情報で、時間のずれを補正しながら位置を計算しています。

　現実的には電離層（でんりそう）や天気、障害物の影響などいろいろな要素があり、電波が秒速30万キロで進まないこともありえます。そうした誤差を携帯電話の基地局やWi-Fiといった地上の通信システムなどで補正しながら、実用に耐えうるレベルにしているのです。

　さらに、これから「みちびき」との連携が進めば、誤差数センチ単位で位置を特定できるようになるといわれています。

第4章 ハイテク技術に秘められた科学

USBメモリーはどうやってデータを保存しているの？

パソコンのHDDにデータを保存すると「ガリガリ」って音がするけど、スマホにデータを保存してもなんの音もしないよね。どうしてだろう？

HDDは物理的に書き込むから音が出るんだ。スマホの記憶装置はフラッシュメモリーで、電子の移動でデータを書き込むから、音がしないんだね。

USBメモリーやSDカードも、フラッシュメモリーだよね。きっとメリットが多いから、いろいろなところで使われているのね。

フラッシュメモリーは電子の移動で書き込みを行う

 小型、衝撃に強い、書き込みが速い、電源を切ってもデータが失われないなどの多くのメリットがあることから、近年、記録メディアの代表格となっているのがフラッシュメモリーです。USBメモリーやSDカード、SSDに利用されているほか、スマホやカメラ、音楽プレーヤーなど多くの家電に組み込まれています。

 フラッシュメモリーとHDD、DVDのようなディスクとの大きな違いは、データの書き込み方式です。たとえばHDDは磁気ヘッドなどの装置が物理的に動いてデータを読み書きしますが、フラッシュメモリーは電子の移動によって読み書きを行っています。

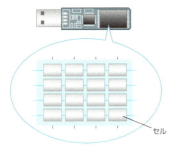

フラッシュメモリーの内部を拡大すると

フラッシュメモリーは「セル」と呼ばれる小さな部屋が無数に集まってできています。この部屋に「0」と「1」のどちらかを記録して、デジタル方式でデータを記録します。

セル

電流が流れやすいのは「1」、流れにくいのは「0」

　フラッシュメモリーの構造を上から見ると上図のように「セル」と呼ばれる部屋がずらっと並んでいます。それを横から見たのが右ページの図です。データの記録と消去はフローティングゲートに電子をためたり抜いたりすることで行います。

　デジタル機器はすべてのデータを「0」と「1」で区別していて、フラッシュメモリーはセルごとに、ソースからドレインへシリコン基板内に電流を流し、その流れやすさで0と1を区別します。初期状態のシリコン基板には電子がたくさん入っていて、ソースからドレインへの電流は流れやすい状態です。フラッシュメモリーは、この状態を「1」と認識します。つまり、「1」というデータを書き込みたいときはなにもしないということになります。

　「0」を書き込みたいときは、シリコン基板側から電圧をかけて電子をフローティングゲートへ移動させます。トンネル酸化膜は本来絶縁体ですが、電圧をかけたときだけ電子が通過できるようになります。さらにコントロールゲートも絶縁体なので、フローティングゲートに送られた電子は閉じ込められるわけです。

　電子がフローティングゲートに移動し、シリコン基板内の電子が

セル内にデータを書き込むしくみ

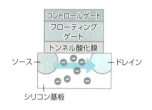
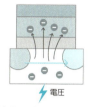
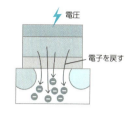

①シリコン基板内に電子がたくさんあり、ソースからドレインへ電流が流れやすい状態です。コンピュータはこれを「1」と認識します。

②「0」と認識させたい場合は、シリコン基板に電圧をかけて電子をフローティングゲートに移動させ、電流を流れにくくさせます。電流の流れやすさで「0」と「1」を識別します。

③データを消去するときは、「0」を記録したセルの電子を、反対側から電圧をかけて元に戻します。「1」を記録していたセルにはなにもしません。

減少すると、シリコン基板は電流が流れにくくなります。これをフラッシュメモリーは「0」と認識します。データを消去するときは、コントロールゲート側から電圧をかけて、フローティングゲートの電子をシリコン基板へ送り返し、「1」の状態に戻します。

小型のまま大容量化を実現

　この書き込み方式は、電子が絶縁体でセル内に閉じ込められるので、電源を切ってもデータがなくならないという大きなメリットがあります。一方で、記憶容量を増やすにはセルの数を増やす必要があるため、小型のままHDDのような大容量化をするには課題も抱えていました。

　しかし、最近ではフローティングゲート内の電子をもう少し細かく検知して1セルあたりの容量を増やしたものや、セルを立体的に重ねる、つまり平屋建ての家を高層マンション化する方式で大容量化を実現しています。

2次元コードの模様には
なにが入っているの？

コンサートに行ってきたよ。入場するときにチケットの四角いマークを機械にかざしたけど、なにを読み取ったんだろう？

これは2次元コードといって、レジでピッと読み取るあのバーコードの進化版だよ。コンサートに来るお客さんの情報を記録していたんだね。

そうだったんだ。しましま模様のバーコードと模様はだいぶ違うけど、どんなしくみになっているのかな？

2次元コードはバーコードの進化形

　正方形の枠に描かれた白と黒の不思議なまだら模様。スマホのカメラで読み取れば、ホームページにアクセスできたり、レジで決済に使えたりなど、見かけることは多いでしょう。

　「QRコード」という名称で耳慣れていますが、これはデンソーウェーブという産業機器メーカーの登録商標で、一般名称は「2次元コード」といいます。買い物をするときにレジで読み取っているあのバーコードを改良したものです。

　バーコードは元々、価格や在庫などの商品情報を管理するために物流業界でつくられました。太さの違うバーに0〜9の数字が割り

情報量が数百倍に増えた2次元コード

1次元バーコードで表現できるのは数字のみです。一方、2次元コードでは、数字やアルファベット、ひらがな、漢字などを埋め込めるため、名前や住所、URLなども表現できます。

当てられていて、白黒の模様を読み取るだけで商品情報を呼び出せます。しかし、現代は必要とされる商品情報が増え、横一方に、しかも数字しか表現できないバーコードでは不足してきました。

そこで開発されたのが2次元コードです。バーではなくドットになったので縦・横の2方向に情報を格納でき、情報量は数百倍に増えました。数字だけなら最大7,089字、英数字の組み合わせで4,296字、漢字でも1,817字の情報を記録し、一瞬で呼び出せる利便性の高さから、今では物流業界を飛び出して、日常生活のさまざまな場面で使われるようになりました。

ほとんどは安全のためのデータ

基本的には白と黒のドットが「0」と「1」を表し、二進数に文字を割り当てているのですが、工夫が随所に施されています。

QRコードで特徴的なのは、3つの隅におかれた二重の四角模様です。これは「切り出しシンボル（ファインダパターン）」といい、「ここに2次元コードがありますよ」ということを知らせるマーク

ファインダパターン

2次元コードの構成

QRコードのファインダパターンは縦・横・斜め、どの方向から見ても、黒と白の割合が1:1:3:1:1になるよう計算されています。これが方向を問わず認識できる秘密です。

3つの隅にあるのがファインダパターンで、URLなどの実データが格納されているのは図のグレーで示した部分だけです。白い部分は誤り訂正符号です。

誤り訂正符号エリア　実データの格納エリア

です。縦・横・斜め、どの角度から見ても認識できるのがすぐれたところです。

　ファインダパターンを検知すると、読み取り機はその周囲にある模様からコードの解読を開始します。とはいえ、実データが格納されているのは右半分だけで、左半分には「誤り訂正符号」が格納されています。コードが汚れたり、一部が破損して見えなくなっているときに、データを復元するための符号です。

　また、2次元バーコードの実データや誤り訂正符号は、二進数のルールににしたがって作成されているため、偶然ファインダパターンと似たような模様ができたり、白と黒が偏ったりすることがあります。その状態だと誤作動につながる可能性があるので、一定のルールにしたがって黒と白を反転させ、模様の偏りを修正する機能もあります。これを「マスク」といって、読み取り機側にマスクをかけたことを知らせる合図まで、2次元コード内には記録されています。

　あのまだら模様は、単にホームページのURLなどを白と黒に置き換えただけではなく、「復元のルール」や「読み取りのルール」など二重三重の安全策が講じられた印だったのです。

第4章 ハイテク技術に秘められた科学

顔認証はどうやって本人の顔を見分けている？

顔認証の活用シーンが増えているね。スマホのロック解除もそうだし、海外旅行のときの出入国管理にも顔認証は利用されている。

警察の防犯カメラ捜査にも役立てられているって、聞いたことがあるよ。どうやって本人の顔を見分けているのかしら？

人の顔には、目と目の間の距離、鼻の幅、顔の骨格のような「特徴点」がある。それが一致しているか、照合するんだ。

顔の形をコンピュータにインプット

あらかじめ登録した本人の顔と、目の前にいる人間の顔を比較して、一致しているかどうかを見分ける「顔認証」には2つのステップがあります。

最初のステップは、画像の中から顔に該当する部分を検出することです。コンピュータにとって画像データは単なるドットの集合体ですから、顔も体も背景も区別はありません。ですから、まずはどこからどこまでが顔なのかを判別しないといけないわけです。

その方法はほとんど力業です。コンピュータに、顔の写真と一緒に「ここからここまでが顔だよ」という情報をインプットしていき

顔認証の2ステップ

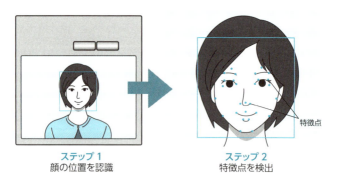

ステップ1
顔の位置を認識

ステップ2
特徴点を検出

ステップ1では写真の中から顔の位置を検出します。ステップ2では顔の特徴点を検出し、その位置や距離から個人を識別し、あらかじめ登録した顔写真と照合します。

ます。するとコンピュータはドットの並びに法則性を見出し、しだいに「こういうパターンがあったら顔なんだな」と学習していきます。数千、数万、数十万枚……と数を増やしていくほど顔検出の精度は高まっていきます。

顔の特徴点を検出する

第2のステップでは、顔の特徴点を検出します。特徴点とは、人間の目と目の間隔や鼻の幅、口や耳の形、ほくろの位置など、顔を見分ける際にポイントとなる点のことです。コンピュータは厳密には顔を見ているのではなく、顔に点在する特徴点の位置や距離が一致しているかを見分けています。

個人認証の方法でもっとも正確といわれるのが指紋認証ですが、これも同じ方法です。指紋には約100個の特徴点があり、そのうち

第4章 ハイテク技術に秘められた科学

顔認証の精度はどこまで？

顔の向きや髪型などたいていの変化は見分けられるようになっていますが、顔が半分以上隠れるマスクやサングラスをかけると反応しない場合があります。

①横顔

②髪型の変化

③体型の変化

④メガネをかける

⑤マスクをつける

12個が一致していれば同一人物と見なせます。少ないように感じますが、12個すべてが一致する確率は1兆分の1しかありません。

顔の形はその指紋よりも複雑な形をしているため、数百〜数千個の特徴点を検出できます。とはいえ、そのすべてを照合すると時間がかかってしまうので、実用的に運用するためにそのうち50個程度をピックアップしています。

人工知能で顔認証はさらに進化する

顔認証の精度を大きく左右する最重要ポイントは特徴点の検出方法です。実用シーンでは、必ずしも顔の向きは真正面とは限らず横顔の可能性もありますし、影のつき方、髪型の変化、やせた・太った、メガネやマスクの着用などさまざまな不確定要素があります。

こうした難点は、インプットする顔のパターンや特徴点を増やせばしだいに解決していくもので、人工知能（AI）の機械学習やディープラーニングの登場後、爆発的に進歩しました。最近では、顔を3Dで認識する技術も一般化し、多少角度や髪型が違うくらいなら見分けられるようになっています。

ステルス戦闘機はどんなしくみで「見えない」の?

どうだい? 世界初のステルス機「ナイトホーク」のプラモデルが完成したんだ。かっこいいだろう?

最近、部屋にこもってると思ったら……それにしてもステルス機ってなんで「見えない飛行機」って呼ばれているの?

もちろん透明なわけじゃない。「見えない」というのはレーダーで発見しにくいという意味だね。

敵の目をかいくぐるステルス機

　新聞やニュースでよく耳にする「ステルス戦闘機」いうワード。ステルス機は「見えない戦闘機」といわれますが、いったいどういう飛行機なのでしょうか?

　「ステルス」というのは「こっそり」や「隠密」という意味です。言葉のイメージから忍者のように闇に紛れたり、カメレオンのように背景に同化する姿を想像するかもしれませんが実際は違います。

　飛行機、特に戦闘機はマッハ(時速1,224キロ)を超えるスピードで飛んでいるので、目視で発見してから対応していてはとても間に合いません。そのため、レーダーを使って広範囲を探索し、早急

レーダーのしくみ

レーダーは電波を発射し、反射して戻ってきた電波をとらえることで、「前方になにかある」と判断します。電波は前方に物体がある場合ははね返ってきますが、なにもない場合は戻ってきません。

に発見することが大事になります。ステルス機は、レーダーの裏をかいて発見されにくくした飛行機です。

レーダーは電波を反射させて測定する

まずはレーダーのしくみを知っておきましょう。レーダーは空中に電波を放ち、なにかにぶつかって反射してきた電波をキャッチする装置です。レーダー波は光に似た性質を持っていて、秒速約30万キロで進むので、返ってくるまでの時間を計測すれば物体までの距離が計算できます。ほかにも角度や物体の形など、反射してきた電波を解析すればもっと詳しいことがわかります。

では、前方になにも物体がなかったらどうでしょう。電波はなにも反射せずにかなたへと飛び去り、返ってきません。放った電波が返らない場合、レーダーは「前方に物体なし」と判断します。

ステルス機は、この電波が反射して戻るという性質を逆手に取った技術を用いています。機体に電波があたっても発信源に戻らないようにし、自機の居場所を捕捉されにくくしているのです。

ステルス機は電波を別の方向にはね返す

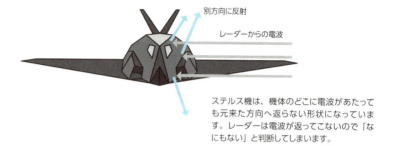

別方向に反射
レーダーからの電波

ステルス機は、機体のどこに電波があたっても元来た方向へ返らない形状になっています。レーダーは電波が返ってこないので「なにもない」と判断してしまいます。

電波を元の方向に返さない設計

　電波は平らな面にあたると元の方向へ返っていきますが、面が傾いていると乱反射して、あらぬ方向に飛んでいってしまいます。

　そのためステルス機は、どの方向に対しても平らな面を向けない構造になっています。ボディの側面や垂直尾翼は傾斜していて、横方向から飛んできた電波の反射方向をずらしてしまいます。また、主翼や水平尾翼の角度はそろえられていて、電波の反射方向を限定して元の方向に返させないようになっています。そのほか、エンジン付近には凹凸になる塗装をほどこして電波を乱反射させたり、電波吸収材を使って電波の反射を弱めたりと、いろいろな技術を組み合わせています。操縦席のあるコックピットの窓は透明にせざるをえないので、電波の進入路となってしまうのですが、そこには鉄粉の混じった塗料を塗ることで電波をかく乱させます。

　ステルス機は、すべての電波を完全に遮断できるわけではありません。しかし、飛行機だとわかるくらいの強い電波をレーダーが受け取れなくなるため、事実上相手には「見えない」のです。

第5章

人の体と病気の科学

明るいときは元気なのに
夜になると眠くなるのはなぜ？

ゲームをやっていたらもうこんな時間だわ。宿題をやらないといけなかったのに、もう眠気が限界。なんで夜になると眠くなっちゃうんだろう？

夜に自然と眠くなるのは、「体内時計」がきちんとはたらいている証で、体にとってよいことだよ。

昼になると体が元気になるのもそれが関係しているのかな？　人間の体に時計があるなんて不思議ね。

夜になると眠くなるメカニズムとは？

　夜になると自然と眠くなり、朝が来ると目が覚める。これは自然の摂理です。人間だけでなく動物にも日単位で時間のリズムを刻む機能が体内に備わっています。これを体内時計といい、時間帯に応じて体温や血圧、代謝、ホルモン分泌などを変動させて体の調子を整えています。

　たとえば、体内時計の指令のもと、夜には催眠作用があり「睡眠ホルモン」とも呼ばれるメラトニンが大量に分泌されます。それに、朝からの活動を通して体にたまった疲労も重なって眠くなるのです。なお、高齢になると朝早くに目が覚めたり、睡眠時間が減少したり

睡眠をもたらすメラトニン

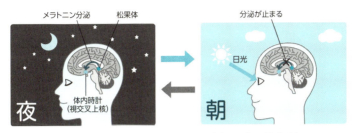

眠くなるのはメラトニンというホルモンのはたらきです。夜になると、脳の松果体（しょうかたい）という部分から分泌され、体内時計が切り替わります。そして朝、陽の光を浴びると分泌は止まります。

するといわれますが、その要因と考えられているのもメラトニン。加齢とともに分泌量が減ることがわかっています。

体内時計をコントロールする「時計遺伝子」

体内時計のしくみをもう少し掘り下げてみましょう。2017年、体内時計をコントロールする「時計遺伝子」を発見したアメリカ人科学者グループがノーベル生理学・医学賞を受賞しました。その研究によると、時計遺伝子がつくり出すたんぱく質は、一定量以上がたまると、自身の生成を抑制するように時計遺伝子にはたらきかける特性を持ちます。その周期が1日単位で繰り返されることで、体内時計が安定して機能していることがわかってきました。

また、体内時計はひとつではなく、すべての臓器などにそれぞれ備わっていることも明らかになりました。その中心であり、いわば標準時となるのが脳にある「親時計」。それ以外は「子時計」と呼ばれます。親時計と子時計はそれぞれ神経などを通して連絡を取り合っていて、両者の時間が一致しているのが理想的な状態です。

体内時計リセットのサイクル

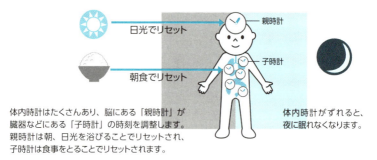

体内時計はたくさんあり、脳にある「親時計」が
臓器などにある「子時計」の時刻を調整します。
親時計は朝、日光を浴びることでリセットされ、
子時計は食事をとることでリセットされます。

体内時計がずれると、
夜に眠れなくなります。

　ところで、体内時計の正確な周期は24時間より数十分程度長くなっています。そのままではしだいに後ろにずれるため、毎日、「リセット」する必要があります。

　親時計は光によってリセットされ、起床後に日光などを浴びると24時間のリズムが整います。一方、子時計は朝食によってリセットされます。そのため、朝食を抜くと親時計と子時計の進み具合がずれてしまい、体内で「時差ぼけ」のような状態となります。それで、体の調子が悪くなるのだといいます。

体内時計を整えて体調や健康をキープ

　体内時計は、夜ふかしや不規則な生活によっても乱れます。そうなると、眠れなくなったり、仕事や勉強に集中できなかったり、運動のパフォーマンスが低下したり、よいことはなにもありません。

　さらに体内時計の乱れが、睡眠障害や糖尿病、がんなどの疾患の一因にもなると考えられています。「早寝・早起き・朝ごはん」など規則正しい生活を心がけ、体内時計のリズムを整えることが、心身ともに健やかな状態をキープするためには大切なのです。

第5章 人の体と病気の科学

冷たいものを急に食べると頭がキーンとするわけは？

大好物のアイスクリーム、いただきま〜す！

こらこら、そんなに慌てて食べると……。

アイタタ、頭が割れるみたいに痛い！

ほら、いわんこっちゃない。それは「アイスクリーム頭痛」といってね、脳の錯覚によって……どうやら、それどころじゃないみたいだね。

正式名称は「アイスクリーム頭痛」

暑い季節になると食べたくなる、かき氷やアイスクリーム。ひんやりした食感がなんとも幸せな気持ちにしてくれますが、冷たいものを急にたくさん食べると頭が「キーン」！ そんな謎の頭痛に襲われた経験を多くの方がお持ちでしょう。

痛みの強さには個人差があるようですが、ちょっと時間がたてば

125

顔の感覚を脳に伝える三叉神経

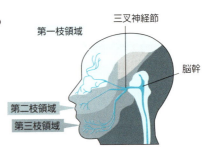

「冷たい」「痛い」「触った」などの顔の感覚を脳に伝えるのが三叉神経。おでこ、ほお、あごの3本にわかれていて、喉の近くにも通っています。

治るため、深く気にしなかった人が多いかもしれません。でも実は、あの痛みには「アイスクリーム頭痛」という、れっきとした医学的な正式名称があるのです。

脳の錯覚と血流の膨張が主な原因？

アイスクリーム頭痛が起こる原因は、完全に解明されたわけではありませんが、有力な説が2つあります。

ひとつ目は、脳の錯覚です。通常、アイスクリームのような低温のものが喉を通過すると、首元あたりにある三叉神経が刺激されます。この三叉神経は、「冷たい（熱い）」「痛い」「触った」といった顔の知覚を脳に伝える役割を持つ神経で、それぞれの感覚を識別して脳に伝達しています。ところが、「冷たい」という刺激があまりに強いと神経が混線を起こし、「痛い」という信号まで脳に送ってしまいます。その結果、頭痛が起こるというわけです。

もうひとつの説は、血管の膨張を原因とするものです。冷たいものを食べると、口内や喉の温度が急に下がります。すると体の防御反応がはたらき、一時的に血流量を増やして温めようとします。その際に、頭につながる血管が急激に膨張して、軽い炎症が起こり、痛みが生じるというものです。

アイスクリーム頭痛の原因は主に2つ

説①
喉の近くにある三叉神経が「冷たさ」と「痛さ」を混同し、痛みとして脳に伝達します

説②
頭につながる血管が膨張して痛みが発生します

　どちらの説にしても、説得力は十分。近年はこの2つはどちらも正しい、あるいは両方の現象が同時に起きているという見方に落ち着きつつあります。

アイスクリーム頭痛を避ける方法は？

　アイスクリーム頭痛の痛みは5分以上続くことはまずなく、体に悪い影響も残りません。とはいえ、起こってしまうとかなりつらいので、できれば避けたいところですよね。

　その予防法はいたってシンプルで、かき氷やアイスクリームなどは、少しずつゆっくりと食べる。これだけです。そうすることで口の中でゆっくりと氷が溶け、喉が冷えにくくなり、神経への刺激や血管の膨張が起こりづらくなるからです。

　また、お茶などの温かいものと交互に口に入れると、やはり口内の温度が下がりづらくなって、頭痛が起こりにくいようです。いったんアイスクリーム頭痛が起きてしまったら、舌を口内の上の方に押し当て血管を温めるとよいともいわれています。

　ともあれ、時間をかけて食べれば、いっそう味わい深くなるでしょうから、一石二鳥という考え方もできるかもしれませんね。

どうして蚊に刺されても痛くないの？

なんだかかゆいと思ったら、肌がプクッとふくれてるよ。蚊に刺されちゃったみたい。全然気がつかなかったわ。

蚊の針は、刺したことを相手に気づかれないように、実に巧妙なメカニズムになっているからね。それを参考にした注射針もあるくらいだ。

確かに蚊の針ってすごいよね。刺されてもまったく痛くないもの。そんな注射針なら、注射が嫌いな私でも平気かな。

蚊の針は6本が束になっている

　海に山に公園にと、夏のレジャーは楽しいものですが、屋外に長時間いるときに気をつけたいのが虫刺され。中でも蚊は、どこからともなく現れて、知らぬ間に人を刺して血を吸うとても厄介な存在です。刺されたあとのかゆみときたら……。

　さらに、蚊の本当の恐ろしさは、病原体を運び、人を刺して病気や感染症を媒介することです。日本でも数年前、蚊に刺されてデング熱に感染した症例が報告され、注意喚起がなされたのは記憶に新しいところですね。

　蚊に刺されても気づきにくいのは、まず血を吸う針の細さです。直径は0.08ミリほどで、人の髪の毛の太さが0.1ミリ程度ですから

蚊は6本の針で血を吸っている

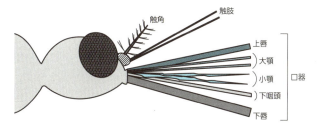

蚊の針は1本のように見えて、実は筒状の下唇の中に6本の針が収納されています。ノコギリ状の小顎で肌を切り裂き、大顎で切り口を開きながら下咽頭で唾液（麻酔）を流し込み、上唇で血を吸います。

いかに細いかがわかるでしょう。そして、針のメカニズムも実に巧妙です。パッと見ると蚊の針は1本のようですが、実は微細な6本の針が束になり、ひとつの筒の中に収まっています。つまり、蚊の口は7つのパーツでできているのです。

かゆみは蚊の唾液に対するアレルギー反応

蚊は6本の針を見事に使って血を吸います。まず最初に、ギザギザが付いた「小顎」の2本の刃をノコギリのように振動させながら、皮膚を切り裂いて挿し込みます。その先端は非常に細く、刺されても人は痛みは感じません。そして「大顎」という一対のパーツで切り裂いた場所を支えながら、太い針（「上唇」）を挿し込み、毛細血管から血を吸い上げるのです。

このとき、上唇と一緒に挿し込まれるのが「下咽頭」の針です。ここから蚊の唾液が注入されます。唾液には血液凝固抑制剤が含まれていて、人の血が固まるのを防ぎます。また、針を刺した痛みを感じにくくするための麻酔物質も入っています。

人が蚊に刺されると皮膚にかゆみを感じるのは、時間をおいて、この唾液のアレルギー反応が出るためです。

蚊の針がヒントになった「痛くない」注射針

　憎き相手ではありますが、蚊が人の血を吸うメカニズムの緻密さには驚かされますよね。そこで実際、蚊の針をヒントにした採血針なども開発されています。

　この採血針の直径は0.1ミリ以下。薬剤を注入する針と2本のノコギリ状の針の計3本からなり、3本が連動しながらスッと皮膚に刺さります。また、針を皮膚に刺したとき、ギザギザの部分しか触れないため、細胞に与えるダメージも最小限にとどめることができます。だから、刺しても「痛くない」のです。

　痛くない注射針は、糖尿病患者や小児向けとして、すでに医療機関で実用化されています。

蚊の針をまねた「痛くない」注射針

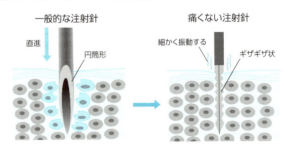

一般的な注射針は円筒形。刺すときの抵抗が大きく、皮膚に接する部分が多いため、それが痛みになります。蚊の針を摸した注射針は、側面がギザギザ状で、振動させて刺していくのが特徴です。少ない力で刺すことができ、刺したときに接する部分が少ないため、痛みを感じにくくなります。

第5章 人の体と病気の科学

寒いときや怖いときに鳥肌が立つのはどうして？

アイドルのコンサートに行ってきたよ！ 盛り上がっちゃって、もう鳥肌が立ちっぱなし！ でも、どうして音楽を聴いて鳥肌が立つんだろう？

うん、寒いときだけではなく、怖いときや感動したときにも鳥肌が立つよね。これは人間が猿のように毛むくじゃらだったころの名残なんだ。

あのブツブツは毛穴周辺の盛り上がり

　寒いときだけでなく、恐怖を感じたり興奮したときにも起こる鳥肌。怪談などを聞いてゾッとすることを「身の毛がよだつ」と表現しますが、まさに鳥肌が立つ状態を表しています。

　鳥肌が起こる基本的なメカニズムは、どの場面でも共通です。人間の肌には体毛が生えていますが、体毛1本1本の根元についている「立毛筋」という筋肉。この立毛筋が鳥肌をつくります。

　立毛筋は、自分の意志で動かすことはできません。自律神経のひとつである「交感神経」が刺激を受けると反射的に収縮し、毛穴を閉じるという動きをします。このとき、ふだんは斜めに生えている体毛が立ち、それと同時に毛穴周辺が小さく盛り上がります。この肌の小さな盛り上がりこそがあのブツブツ、鳥肌の正体です。

鳥肌が立つメカニズム

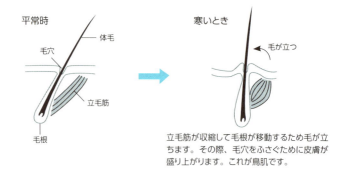

立毛筋が収縮して毛根が移動するため毛が立ちます。その際、毛穴をふさぐために皮膚が盛り上がります。これが鳥肌です。

「交感神経」が緊張すると鳥肌が立つ

　交感神経は、寒さや恐怖、緊張といった刺激を受けるとはたらきます。寒い場所に行くと鳥肌が立つのは、「寒い」という刺激を受けた交感神経の防御反応によるもの。立毛筋が反射的に収縮して毛穴を閉じ、体内から熱を逃がさないようにしているのです。

　また、人が恐怖や緊張を感じたときに鳥肌が立つのは、人類の進化前、猿のように体毛に覆われていた時代の名残(なごり)だといわれます。全身の体毛を逆立てて自分の体をより大きく見せ、敵を威嚇(いかく)しようとしたのです。今でも猫のような体毛の長い動物は、怒ったり興奮すると体毛を逆立てますよね。メカニズムはそれと同じです。

　一方で、最近は「鳥肌ものの演奏」のように、感動したときにも鳥肌が立つという表現がされます。ただし、実は感動と鳥肌の関係性は科学的には解明されていません。感動して鳥肌が立つのも、寒さや恐怖と同じように交感神経への強い刺激が原因と考えられてはいるものの、万人に起こることではないとされています。

進化とともにメリットは失われた!?

では、鳥肌が立つことで、人にはどんなメリットがあるのでしょうか？　実は現代人に利点はほぼありません。

人類が毛むくじゃらだった時代には、逆立った体毛によって体温を保つというメリットがありました。毛と毛の間にできる空気の層が、放熱を防いでいたのです。気体は、液体や固体に比べて熱伝導率がとても低く、動かない状態の空気は高性能な断熱材となります。毛糸のセーターやダウンジャケット、羽毛布団などが暖かいのはそのためです。実際、鳥肌の語源になっている鳥は、寒いときには羽毛を逆立てて皮膚と外気の間に空気層をつくり、体温が逃げるのを防いでいます。

ところが、進化とともに人類の体毛は薄くなり、今や鳥肌による保温効果は失われてしまいました。でも、鳥肌という現象をひもとくことで、人類の進化の痕跡が見られるというのはおもしろいと思いませんか？

体毛の間の空気層が断熱材としてはたらく

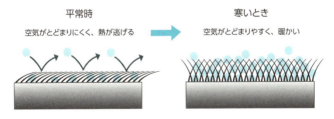

平常時　空気がとどまりにくく、熱が逃げる　→　寒いとき　空気がとどまりやすく、暖かい

なぜ血液型には
いくつも種類があるの？

この前、お父さんが献血に行くのに付き合ったの。お父さんの血液型はO型だから、ほかの血液型の人にも輸血できるんだって。

O型の血液にはA抗原もB抗原も存在しないからね。でも輸血は、同じ血液型間でするのが鉄則だから、ふつう病院では輸血の前に必ず血液型検査をする。

O型の血液をほかの血液型の人に輸血するのは、よっぽどの緊急時だけってことね。ところで、さっきのA抗原とかB抗原ってなんですか？

血液型は医学史上の大きな発見

すべての人の体内には血液が流れており、酸素やホルモン、栄養を運搬するなど生命を維持するのに不可欠なものです。人間の血液の量は体重の約13分の1といわれ、血液は赤血球、白血球、血小板、血漿（けっしょう）で構成されます。そして、赤血球に存在する「抗原（こうげん）」や「抗体（こうたい）」の種類によって分類される血液のタイプを血液型と呼びます。

血液型をA、B、O、ABの4つに分類するABO血液型が発見されたのは1900年と、それほど昔のことではありません。この発見は、医学の発達において非常に大きなできごとでした。異なる血液型の血液を人に輸血（異型輸血（いけい））すると、激しい副作用が起こり、最悪、死にいたります。血液型が発見される以前は、輸血が必要な治療や

ABO血液型の抗原と抗体

血液型	血球の抗原	血清中の抗体	日本での分布
A	A	抗B	約40%
B	B	抗A	約20%
O	AもBもない	抗Aと抗B	約30%
AB	AとB	抗Aも抗Bもない	約10%

手術はできなかったのです。それが、血液を正しく分類し、同じ種類の血液を使って安全に輸血できるようになったことで、人の命を救える確率が格段に上がりました。

ABO血液型は抗原と抗体で分類する

ご存じの通り、人の血液型は両親からの遺伝により決定します。もっともよく使われるABO血液型では、赤血球と血清の検査により、血液型を判定します。ちょっと複雑ですが、整理して説明しましょう。

まず、赤血球の表面には抗原という物質があります。A型にはA抗原、B型にはB抗原、AB型にはA抗原・B抗原の両方があり、O型にはどちらもありません。

また、血清には自分の体の中に存在しない特定の抗原に反応する抗体という物質があります。たとえば、A型の人はB抗原に反応する抗B抗体を持っていて、逆にB型の人はA抗原に反応する抗A抗体を持っています。そしてO型の人は抗A・抗Bの両方の抗体を持っていて、AB型の人はどちらも持っていません。

まとめると上の表のようになります。

輸血するうえではRh血液型も重要

ABO血液型とともによく用いられる分類にRh血液型があります。

これも赤血球の抗原による分類で、C、c、D、E、eなどの抗原があるかないかで型が決まります。このうちD抗原があるものはRhプラス、ないものをRhマイナスといいます。日本人におけるRhマイナスの割合は少なく、200人に1人程度しかいません。

輸血するうえではABO血液型もRh血液型も、どちらも重要です。お互いのABO血液型は必ず同じ型を選びます。そしてRhマイナスの相手には、同じABO血液型でRhマイナスの血液を選びます。誤って異なるABO血液型の赤血球が輸血されると、その赤血球は破壊され、副作用を起こす可能性が高くなります。

原則としてどの血液型も、異なる型の血液を輸血することはできませんが、唯一、O型だけはA抗原もB抗原もどちらの抗原も持たないため、緊急的に輸血することはできます。また、Rhマイナスの人にはRhマイナスの血液しか輸血できませんが、Rhプラスの人にRhマイナスの血液を輸血した場合は副作用は起きません。

親子の血液型の組み合わせ　●：ありえる　×：ありえない

母	O				A				B				AB			
父	O	A	B	AB	O	A	B	AB	O	A	B	AB	O	A	B	AB
子 O	●	●	●	×	●	●	●	×	●	●	●	×	×	×	×	×
子 A	×	●	×	●	●	●	●	●	×	●	×	●	●	●	●	●
子 B	×	×	●	●	×	●	●	●	●	●	●	●	●	●	●	●
子 AB	×	×	×	×	×	●	●	●	×	●	×	●	×	●	●	●

第5章 人の体と病気の科学

どうして病気はうつるの？
細菌とウイルスはどう違う？

ゴホン、ゴホン。あれ、風邪かな？　どうして風邪をひくと咳が出るんだろう？

体の中に忍び込んで悪さをするウイルスがいてね、それをやっつけようと免疫が頑張っているんだよ。さあ、今日は早く休みなさい。

ウイルス？　免疫？　よくわからないけど、早く治ってほしいな……。

細菌とウイルスはまったくの別物

　細菌やウイルスが体に侵入して発症する病気を感染症といいます。風邪はもっともありふれた感染症といわれ、その9割がウイルスによるものです。ただ、風邪を引き起こすウイルスの数は200種類以上におよび、どのウイルスが原因かを突き止めるのは至難のワザです。

　この病気を引き起こす細菌やウイルスは「病原体」と呼ばれます。ただし、細菌とウイルスは実はまったくの別物です。

　細菌の代表例が、大腸菌や結核菌、黄色ブドウ球菌などです。中毒症状を引き起こすなど怖い存在ですが、納豆菌や乳酸菌など人の生活に有用なものもあります。

病原体が体に入るルート

感染経路	特徴	感染症の例
空気感染	空気中を漂う細菌やウイルスを吸い込むことで感染する	結核、はしか、水痘など
飛沫感染	咳やくしゃみで飛び散った細菌やウイルスを吸い込むことで感染する	インフルエンザ、風邪、風疹、おたふく風邪、百日咳など
接触感染	感染者に直接接触したり、手すりやタオルなどのモノを触ったりすることで感染する	とびひ、咽頭結膜熱、破傷風など
経口感染	ウイルスや細菌に汚染された食べ物を食べることで感染する	ノロウイルス、ロタウイルスなど

　一方、ウイルスは、他の生物の細胞の中に侵入して、寄生しながら増殖していきます。この寄生が発熱などの要因になります。

　大きさにも差があります。細菌は1μm（マイクロメートル、1μm＝1mmの1,000分の1）前後の大きさで、ひとつの細胞からなるため単細胞生物と呼ばれます。それに比べ、ウイルスは30〜150nm（ナノメートル。1nm＝1mmの100万分の1）とさらに小さく、微生物に分類されていますが、生物ではありません。

病院の抗生剤は細菌だけに効く

　病院でよく処方される抗菌薬（抗生剤）は、細菌が原因の感染症が対象で、ウイルスには効果がありません。人類はウイルスに対抗するためにさまざまなワクチンを開発してきた歴史があり、その結果、天然痘のように撲滅された感染症もあります。

　私たちは、常に多様な細菌やウイルスなどによる感染の危険にさらされて生活しています。病原体が体内に入る代表的なルートには、空気感染、飛沫感染、接触感染、経口感染などがあります（上表）。

免疫が病原体を攻撃して排除する

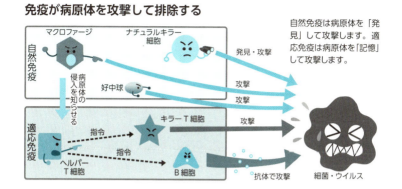

自然免疫は病原体を「発見」して攻撃します。適応免疫は病原体を「記憶」して攻撃します。

体内に入った病原体はどうなる？

もっとも、病原体が体内に入ると、すぐに病気になるわけではありません。人体には病原体を攻撃し排除する「免疫」というすぐれた防御機能が備わっているためです。

免疫には大きくわけて自然免疫と適応免疫があります。自然免疫は生まれながらに備わる機能で、侵入してきた病原体や体内で生まれたがん細胞などの異物を免疫細胞がすばやく攻撃します。

一方、適応免疫は、自然免疫が防げなかった病原体の細かな特徴を認識し、より強烈な攻撃をしかけます。その方法のひとつとして、過去に侵入した病原体が再び入ってくるとすばやく抗体をつくり出す機能があります。はしかや風疹などに一度かかると、その後は感染しづらくなるのはこのはたらきのためです。

免疫は感染症を遠ざける心強い機能ですが、心身のコンディションにも大きく左右されます。ストレスの少ない生活やバランスのよい食事、適度な運動などが免疫力を高めるポイントです。

飲んだ風邪薬はどうして効くの？

明日から家族旅行なのに鼻水が出るの……。心配だから風邪薬をちょっと多めに飲んでおこうかな。

こら、待ちなさい。薬は用法や用量を守ることがなにより大切だよ。多めに飲むなんて絶対にダメ。

はーい、わかりました。でも、薬ってどうやって効いているのかな。口から飲んだ薬が、鼻とか頭とか別の場所で効くのはなぜ？

血液に乗って全身に行き渡るんだよ。血液が患部まで運んでくれるんだね。

どんなルートで患部に届く？

　熱や悪寒などによる不快な症状や病気の予防に効果を発揮する薬。現代人にとってあまりに身近な存在だけに、軽い気持ちで服用するケースが少なくないようです。しかし、薬には副作用が付き物ですから、適切な用法を守ることは、我が身を守るためにも大切です。
　薬には、経口や塗布、注射、吸入、点滴、点眼など、いろいろな

第5章 人の体と病気の科学

口から飲んだ薬が体の外に出るまで

胃で吸収された薬は、一部は小腸を通り、血流に乗って全身へ。
一部は肝臓・腎臓を通って血流に乗ります。

服用方法がありますが、いずれにしても、薬は血液を通して患部に届くというのが基本です。

飲み薬が作用するまでの流れを見てみましょう。薬は食道を経由して胃で分解され、小腸で吸収されます。そこから一部は血管を通して肝臓に入ります。肝臓は有害物質を処理する代謝機能を持ち、アルコールを解毒することでもおなじみの臓器です。肝臓に到達した薬は異物と見なされて処理され、腎臓から排出されます。

しかし、その一部は肝臓という難関をくぐり抜け、代謝されずに血流に乗って全身に循環します。薬の開発者は、肝臓のはたらきも織り込み済みというわけです。

細胞と結合してはたらきかける

それでは患部に届いた薬は、どのように効くのでしょうか。ひとつひとつの細胞の表面には、たんぱく質の受容体（レセプター）があります。薬はこの受容体と結合することで効き目が出ます。

また、薬にはそれぞれ逆のはたらきをする「作動薬（アゴニスト）」と「拮抗薬（アンタゴニスト）」があります。

作動薬と拮抗薬のはたらきかけは正反対

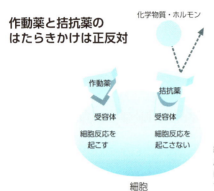

細胞の反応を促す「作動薬」と細胞の反応をブロックする「拮抗薬」。
はたらきかけは逆ですが、受容体と結合して反応に作用する点は同じです。

　作動薬は受容体と結合して細胞の反応を起こさせ、「もっと〇〇をするように」とはたらきかけます。たとえば、気管支ぜんそくの発作を抑える薬は気管支を拡張するようにうながします。

　逆に拮抗薬は「〇〇をしないように」と、細胞の反応を抑制します。その好例がアレルギー症状を引き起こす物質（ヒスタミン）の作用をブロックする抗ヒスタミン薬などです。

副作用が起こるワケ

　薬の副作用が起こるのは、効かせたい患部とは別の場所に、その薬と結びつく受容体があることが原因です。

　抗ヒスタミン薬は、目や鼻などの細胞に作用してアレルギー症状を抑えますが、脳の細胞とも結合します。そこで厄介なのが、ヒスタミンには覚醒作用もあることです。そのはたらきが脳でブロックされると眠くなる副作用が生じるのです。

　このように複雑な機能を持つため、「クスリはリスク」ともいわれます。むやみやたらと服用せず、用法や用量を守ること、医師や薬剤師といった専門家の指示をあおぐことがなにより大切です。

第5章 人の体と病気の科学

がんってなに？
どんな病気なの？

このごろ有名人がテレビでがんを告白しているのをよく見るけど、若い人でもかかる病気なんだね。

そうだね、よく知っているね。日本人が亡くなる原因の1位は、がんなんだ。3人に1人はがんで亡くなっている。

医療技術はずいぶん発達していると思っていたのに、まだ治せないんですね……。

残念ながら、決定的な治療法はまだだね。でも、がんは早いうちに見つかれば治せることも多いから、どんな病気なのか知っておくことも大事だよ。

「がんのもと」は毎日できている

　人類はさまざまな病気を克服してきましたが、今なお、がん（悪性腫瘍）は全世界で年間に800万人の命を奪っています。
　そもそも、がんはどのようなしくみで発生するのでしょうか。そこから説明しましょう。人体は60兆個とも、37兆4,000万個ともいわれるほど多くの細胞からできています。しかし細胞ひとつひと

異常の積み重ねによってがん細胞ができる

① コピーのエラーや外的刺激で遺伝子に傷がつく

② 一部に異常を持つ細胞ができる

③ 細胞ががん化して増殖する

④ がん細胞が増殖して正常な細胞を侵食していく

つには寿命があり、減った分は細胞が分裂して増やしています。細胞の中には遺伝子があり、正常な細胞はその遺伝子の情報にしたがって、減った分を補います。たとえば、皮膚にケガをすると細胞が増殖して傷口をふさぎますが、傷が治ると自然と増殖は止まります。

ところが、細胞分裂のコピーでエラーが起きたり、外的な刺激を受けたりして細胞の遺伝子が傷つき、こうした正常なはたらきができなくなる場合があります。これが、やがてがん細胞になるのです。

とはいえ、がん細胞ができたら必ずがんが猛威を振るうわけではありません。体内の免疫細胞がすぐさまがん細胞を攻撃して退治してくれるからです。学説によっては、健康体でも1日5,000個ほどの異常な細胞が発生し、排除されているとされています。怖い話ですが、それだけ人の免疫機能が頼りになる存在というわけです。

しかし、人は年齢を重ねると、しだいに免疫機能が低下し、がん細胞が生き残ってしまうことがあります。それが「多段階発がん」というプロセスを経て、がんになります。

正常な細胞から栄養を奪う

　がんが恐ろしいのは、次のような悪さをするからです。
①自己増殖：正常な細胞は一定の範囲内で分裂をストップしますが、がん細胞は無限、無秩序に増殖します。
②浸潤（しんじゅん）：がん細胞が周囲との境界を侵して増殖。たとえば、胃の表面にできたがんはどんどん深部に食い込み、やがて筋肉に達します。
③転移（てんい）：がん細胞は血液やリンパ液の流れに乗って転移し、ほかの場所でも自己増殖や浸潤を繰り返します。

　ただ、がんは正常な細胞を攻撃するわけではなく、がんが成長するときに正常な細胞が必要とする栄養を横取りするのです。人の体内で時間をかけて大きくなるにつれて、大量の栄養を奪うのです。がんが進行すると、人の体が痩せていくのはこのためです。

　がんができた場所は正常なはたらきができなくなります。がんが臓器から臓器へ転移していくと、やがて体全体のはたらきを維持するのが難しくなります。

「夢のがん治療薬」と呼ばれる「オプジーボ」

　がんを治療する方法には、がんを直接取り除く手術や、がん細胞を攻撃して死滅させる放射線療法、抗がん剤治療などがあります。また近年は、免疫治療が脚光を浴びています。「夢のがん治療薬」とも呼ばれる「オプジーボ」は、人が本来持っている免疫の力を利用してがんを攻撃して倒します。

　がんは早いうちに見つかれば治る可能性は高くなります。検診を受けるなどして、早く見つけることがなにより大切です。

レントゲンでどうして体の中が見えるの？

体育で足をひねってね、病院でレントゲンを撮ってもらったよ。骨折してなくて安心したけど、どうして体が透けて見えるのか不思議だったわ。

レントゲンはね、目に見えない光をあてて体を透かして見ているんだよ。X線といって、人の体を通り抜ける性質があるんだ。

すごい！　まるで透視術みたいなことをしているのね！

透視術というより、影絵に近いね。体を通り抜けてきた光の濃淡を写真に写し出しているんだよ。

目に見えない光「X線」が使われる

体にメスを入れなくても、骨や臓器といった体内の状態を見ることができるレントゲン。レントゲンの撮影には、X線という目に見えない光が使われます。X線は1895年、ドイツ人の物理学者、ヴィルヘルム・レントゲンにより発見されました。レントゲンという装置の名前の由来は、この博士の名前です。

波長の長さによる電磁波の分類

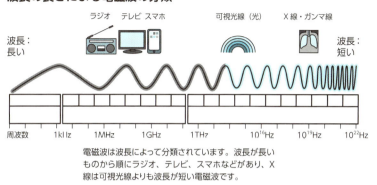

電磁波は波長によって分類されています。波長が長いものから順にラジオ、テレビ、スマホなどがあり、X線は可視光線よりも波長が短い電磁波です。

　X線は、テレビや携帯電話の電波、太陽の紫外線などと同じく、電磁波の一種です。電磁波は波のように振動しながら進み、その性質は波の長さによって違います。波長が短いほどエネルギーが高く、物質を通り抜けやすくなります。

　X線は電波や赤外線、紫外線といった電磁波よりも波長が短く、物質の中を通り抜ける力が非常に強いという特徴を持っています。人間の体であっても、通り抜けることができるのです。

骨が白くてそれ以外が黒く写るワケ

　もちろん、X線はどんな物質でも同じように透過するわけではありません。人体には骨や臓器、筋肉などがありますが、組織を構成する元素の種類や密度が異なるため、X線の通り抜けやすさも違います。X線を体内に向けると、臓器や筋肉などは通り抜けますが、骨や歯などの密度の高い物質にあたると途中で止まります。

　レントゲン写真では、X線を照射する装置と専用のフィルムの間に体を置き、体を透過したX線を焼き付けて画像にします。X線が

レントゲン撮影のしくみ

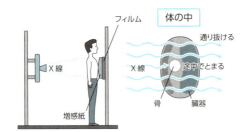

X線を写すフィルムは、X線があたると黒くなります。X線を体に照射すると、臓器や筋肉はX線がたくさん通り抜けて出てくるため、その部分は黒く写ります。一方、骨はX線をほとんど通さないため、その部分は白く写ります。

通り抜けた場所は黒く、通らなかった場所は白く写ります。そのため、X線が透過しにくい骨や歯は白く、透過しやすい臓器や筋肉は黒くなってレントゲン写真に写ることになるのです。

医療以外にも多くの分野で活用

　X線は放射線のひとつでもあります。放射線は大量に浴びると細胞を傷つけるなど、人体に障害を及ぼすことがあります。X線の発見当時は体への悪影響が知られておらず、研究者の健康に支障が生じるケースもありました。医療現場では、患者になるべく負担をかけないようにX線の量も限定して使っているので安心できますが、そうした性質があることは知っておきましょう。

　X線の強い透過力は医療以外でもさまざまな分野に生かされています。空港の手荷物検査でおなじみですし、建物内部の亀裂を発見する非破壊検査などもお手のものです。また、X線天文学という研究分野では、目に見えないブラックホールの撮影も行われています。放射線というと少し怖いイメージもありますが、使い方次第ではとても便利なことがわかるはずです。

第6章
自然と宇宙の科学

どうして空は青いの？
夕方は赤くなるのはなぜ？

今日はとてもよく晴れていて、気持ちがいいね。雲ひとつない青空とは、まさにこういう空をいうんだろう。

確かにいい天気ね。ところで、空はどうして青いの？　空の上の方の空気には、青色がついているとか？

空気に色はついていないよ。空が青いのは、太陽からの光が届くまでの距離と光の性質が関係している。実は、太陽の光は7色の色が混ざっているよ。

太陽からの光には7色が混ざっている

　私たちが見上げる空の色はなぜ青い色をしているか、考えたことありますか？　また、空は常に青いわけではなく、夕焼けのときは赤くなりますし、日の出や日没の瞬間には深い藍色に見えます。

　さまざまな空の色は、太陽の光から生まれています。太陽の光は、ふだんは白っぽく見えますが、実は赤色、橙色、黄色、緑色、青色、藍色、紫色のいわゆる虹の7色すべてが混ざっています。7色がすべて混ざると白色光といって、白く見える光になるのです。

　では、白い光が透明の空気を通ってくるだけなのに、どうして空は青く見えるのでしょうか。

第6章 自然と宇宙の科学

青色の光は分子にぶつかると散乱する

光は波長が短いほど、強く散乱します。波長が長い赤色の光は、大気中に分子があっても直進しますが、波長が短い青色の光はそれらにぶつかるとあちこちに方向を変え、空全体に散らばります。それが遠くからは青く見えます。

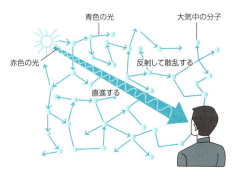

太陽光は大気中の細かい分子にぶつかる

光は電磁波の一種で、波のように振動しながら進みます。また、太陽からの光に含まれる7色の光は振動する幅、つまり波長がそれぞれ違います。赤色はもっとも波長が長く、橙色、黄色、緑色、青色、藍色、紫色の順に波長が短くなります。

太陽からの光は大気層を通って入ってきますが、大気中には窒素や酸素の分子をはじめ細かいチリが浮遊しています。そして、光はそれらの障害物にあたると、反射したり屈折してあちこちに散らばってしまいます。このとき、波長の長い光ほど障害物の影響を受けずに直進し、波長の短い光ほど障害物の影響を受けて方々へ散らばってしまうのです。その結果、波長の短い青色の光だけが空一面に拡散され、遠くにいる私たちには空は青く見えるというわけです。この現象は、1904年にノーベル物理学賞を受賞したイギリスのレイリー卿によって発見されたことから「レイリー散乱」といいます。

そうなると、波長が青色よりも短い紫色や藍色が目に見えないのは不思議ですが、その理由は紫色や藍色の光はあまりに波長が短いために上空で拡散しきって薄まってしまうから、また人間の目が紫

夕方の空が赤く見える理由

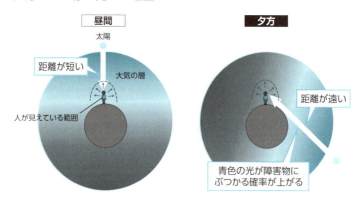

日の出や日没の時間は、南中時（昼間）より太陽光が大気層を通る距離が長くなります。波長の短い青色の光は遠くで散乱しきってしまいますが、波長の長い赤色の光は散乱せずにまっすぐに届きます。そのため、空が赤く見えます。

色や藍色を感じにくいからなど、いくつか考えられています。

夕焼けの空が赤くなるのはなぜ？

それでは、レイリー散乱しているはずなのに、どうして夕焼け空は赤く見えるのでしょうか？　それには、太陽からの光が届くまでの距離が関係しています。

私たちがいる場所から太陽までの距離は、昼間よりも明け方や夕方の方が長くなります。そのため青色の光は途中で散乱しきってしまい、遠い場所でほとんど消えてしまいます。一方、赤色の光はほとんど散乱することなく、まっすぐに届きます。私たちの目には青色の光は入らず、赤い光が目に届くため、空は赤く見えるのです。

第6章 自然と宇宙の科学

雷はどうして起こるの？

すごい雨ね。あっ、空がピカッと光った！　私、雷が苦手なの。どうして雷は起こるのかな？

雷のもとは雲の中で発生する静電気なんだよ。どんどん電気がたまっていって、それ以上ためられなくなると電気が地面に落ちるんだ。

静電気って、乾燥した冬によく起こるあれのこと？　あの静電気と雷じゃ、ずいぶん迫力が違うようだけど……。

雷の正体は静電気

　車を乗り降りしたりドアノブに触れたとたんに、ピリッと電気が走る静電気。威力はドアノブとは比較になりませんが、雷の正体も同じ静電気です。天空でいったいどんなふうに静電気が発生するのでしょうか。そのヒントは、暖かい空気は上に行き、冷たい空気は下に行く性質にあります。

　日中に暖められた空気は上昇気流となって上空へと昇っていきます。上空には冷たい空気がたまっていて、上昇気流はここで冷やされ、含まれていた水蒸気が水の粒となって現れます。これが雲です。

　雲はさらに冷たい上空に上がっていき、やがて氷の粒になります。

雲の中にたまった電気が地面に流れる

雲の中には氷の粒が浮遊していて、氷同士がぶつかり合うことで静電気を発生させています。プラスの静電気は雲の上の方へ、マイナスの静電気は雲の下の方へと移動します。静電気はたまり続け、雲の中にためきれなくなると地面に向かって放出されます。これが落雷です。

雲の中では氷の粒同士がぶつかり合って静電気を発生させています。下敷きで髪の毛をこすると静電気が起きて髪の毛が逆立つのと同じで、モノとモノをこすり合わせると静電気が発生するのです。

　雲の中で発生した静電気のうち、プラスの電気は雲の上の方へ、マイナスの電気は下の方へ移動します。その間にも氷の粒はぶつかり続け、中には電気がどんどんたまっていきます。そして、たまりにたまった電気を雲が抱えきれなくなると、その電気を地面に向かって逃がそうとします。これが落雷、雷が落ちるという現象です。

遠くの雷、それとも近くの雷？

　雷が落ちるときバリバリ、ゴロゴロととてつもない音を鳴らしますが、その正体は空気の振動です。通常、電気を通さない空気の中を強引に貫いてくるそのエネルギーはすさまじく、雷周囲の温度は約3万度にもなります。まわりの空気は一気に過熱されて膨張。その膨張する空気の振動が、ゴロゴロという雷鳴として聞こえます。

　ちなみに、光と音で、雷までのだいたいの距離がわかります。雷の音が伝わる速度はおよそ秒速340メートル、光はほぼ瞬時に伝わ

屋外にいた場合の雷からの避難場所

電柱から4メートル以上離れ、45度の角度で電柱のてっぺんを見上げられるように身をかがめます。頭を下げて姿勢を低くすることが大切ですが、地面を伝う電気もあるので手や膝はつけないようにしましょう。

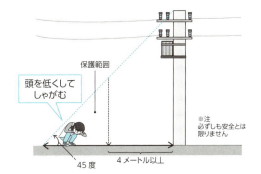

ると考えてよいので、光ってから何秒後に雷の音がするかを計算します。雷が光って10秒後に音が聞こえたら340メートル×10秒で、その距離は3.4キロになります。

広い場所で雷から身を守るためには？

　雷で怖いのが、どこに落ちるのかわからないことです。雷の前兆は低く黒い雲、冷たい風が吹く、雹が降るなどです。気配を感じたら、建物の中に避難するのが一番です。

　広場で遊ぶときやキャンプ場などでは、避難場所を把握しておくと安心です。キャンプ場でありがちな間違いが、雷が鳴ったときに大きな木の下に逃げ込むという行為。雷が木に落ちれば、その下にいる人も、木を通じて感電することになります。

　電柱や鉄塔なども同様で、とても危険です。やむを得ない場合は、柱から4メートル離れ、かつてっぺんを45度以上の角度で見上げる範囲が安全といわれています。低い姿勢を保つ必要がありますが、電気が地面を通ってくることもありますから、手やひざ、お尻などを地面につけるのも危険ということを忘れないでください。

日本にはどうして梅雨があるの？

今年は梅雨が長引いているね。たとえば、稲作には大量の水を必要とするから、この時季の雨は恵みの雨でもあるんだけど。

こんなに雨ばかりだとおもしろくないよ！ なんで、日本には梅雨があるの？

それは冷たい空気のかたまりと暖かい空気のかたまりが押し合っているからなんだ。「気団」って言葉は聞いたことがあるかな？

日本の北と南には巨大な空気のかたまりがある

梅雨は、春から夏にかけての季節の変わり目に続く長雨を指します。この時季の日本列島周辺の気圧配置を見ると、北には冷たく湿った北東の風を吹かせる「オホーツク海気団」がどんと居座っています。一方、南には小笠原諸島付近に中心を持つ暖かくて湿った「小笠原気団」が張り出してきています。

気団というのは、同じような温度、湿度を持つ空気のかたまりのことです。冬から春にかけては冷たい空気のオホーツク海気団が優勢ですが、夏に季節が移り始めるとがぜん暖かい空気の小笠原気団が攻め入ってきて、北と南の2つの気団が押し合いをはじめます。

冷たい空気と暖かい空気がぶつかると雨が降る

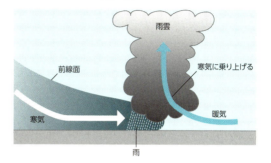

寒気（冷たい空気）と暖気（暖かい空気）がぶつかったとき、暖気の方が軽いので、寒気の上に乗り上げます。暖気が上昇すると前線付近には雲ができ、その下では雨が降ります。

その境目にできて停滞するのが「梅雨前線」です。

冷たい空気と暖かい空気の押し合い

　梅雨前線の中では、南からは暖かくて湿った空気が流れ込み、北からは涼しい風が入ってきます。涼しい空気と暖かい空気の押し合いが起こると、暖かくて軽い空気は冷たく重い空気の上に乗り上げます。すると、上昇した暖かい空気は温度を下げられ冷たくなりますが、空気は温度が変わると含むことができる水蒸気の量が変わります。暖かい空気ほど多くの水蒸気を含むことができますが、冷たくなると含むことができる水蒸気の量は少なくなるのです。

　そのため前線付近の空では、冷たくなった空気に含み切れない水蒸気が水の粒になり、雲になります。そして、その雲が雨を降らせるのです。

　夏が近づくと、小笠原気団の勢いが強くなり、オホーツク海気団を北へ押し込んでいきますが、それまでは冷たい空気と暖かい空気の押し合いは続きます。これが日本の上にたくさんの雨を降らす原因、梅雨なのです。

日本列島を取り巻く5つの気団

大陸や海の上に空気がとどまると、温度や湿度に特有の性質を持つ気団という空気のかたまりができます。日本付近にあるのは、低温低湿のシベリア気団、低温多湿のオホーツク海気団、高温低湿の揚子江（ようすこう）気団、高温多湿の小笠原気団と赤道気団。性質の異なる気団に挟まれて気候が不安定になります。

梅雨入り宣言と梅雨明け宣言

　梅雨は沖縄からはじまり、つまり梅雨入りして、その前線は日本列島を北上していき、北海道の手前で前線が消えます。それでは、梅雨入りの条件とはなんでしょう。

　梅雨の暫定的な定義は晴天が2日以上続いたあと、梅雨前線の影響を受け、前日から2日雨が続き、さらに1週間のうち5日以上、雨、もしくは曇りになるというものです。しかし実は、気象庁は梅雨に入ったという「宣言」はしなくなりました。最近は「梅雨に入ったとみられます」といった発表になっています。

　一方の梅雨明けも非常に難しい判断になるようです。晴れ間が続いたのちに、前線が戻ってきて雨が続くということがあるからです。一般的には梅雨前線がその地域に戻ってこない、あるいは晴れが1週間以上続くと予報されたときを梅雨明けとしていますが、あいまいな基準ともいえます。そこで気象庁は、5月から8月にかけての梅雨期間の観測結果を9月に再検討して、梅雨入り、梅雨明けのそれぞれの日付を決定し、記録として残しています。

第6章 自然と宇宙の科学

海の満ち潮と引き潮はどうして起こるの？

日曜日に家族と海水浴に行ったんだけど、朝は砂浜が少ししかなかったのに、帰るときは砂浜が広くなっていたの。気のせいだったのかな？

満ち潮から引き潮になったんだね。海水は1日のうちに移動しているんだ。それには月や太陽が大きくかかわっているんだよ。

海の水って移動するんだね！　てっきり海水の量が多くなったり、少なくなったりしているんだと思っていたわ。

月の引力が海の水を動かしている

午前中はずっと先の方まで行ってアサリを掘っていられたのに、午後になったら手前まで波が押し寄せるようになって潮干狩りどころじゃなくなったという経験はありませんか？　潮干狩りという文字を改めるまでもなく、それは潮の満ち引きによる現象です。1日2回、海の水位は緩やかに高くなったり、低くなったりと規則的に変わっています。

潮位が高くなる、つまり海水が浜辺いっぱいまで押し寄せるのを「満ち潮」または「満潮」といい、海が低くなる、つまり水が沖まで引いてしまう状態を「引き潮」あるいは「干潮」といいます。

潮の満ち引きと月の位置関係

海水は月の引力によって引き寄せられます。月に向いた面の海水は引力で持ち上げられ、海水が高くなります（満ち潮）。その反対側の面では引力が弱くなるために海水がとり残され、こちらも満潮になります。月と直角の方向では、海水が低くなります（引き潮）。

　こうした現象は主に月の引力が関係しています。月に面した方向にある海は、月の引力に海水が引き寄せられて満ち潮なります。そのとき、地球の裏側、つまり月が日本を向いているときのブラジルあたりの海はどうなっているのかというと、月の引力が弱いため、海水は取り残されたままの状態。つまり月に面した海と同様に満ち潮になっています。こうした現象を発生させる力を「潮汐力」といいます。

月と直角の方向では海水が低くなる

　それではどこが引き潮になっているのかというと、月と直角の方向にある地域の海です。月のある側に海水が引っ張られて海水が減るので、海面が低くなるというわけです。

　月は正確にいうと地球のまわりを24時間50分かけて回っています。そして、海面はこの動きにともなって、およそ12時間25分で満潮から満潮へ、あるいは干潮から干潮へと潮位は変動します。

　ちなみに、世界でもっとも満ち引きが大きいのは、カナダのファンディ湾で、その差は15メートルにもおよびます。これほどの規模になると移動する海水の量も膨大で、1,600億トンにもなるとい

太陽と月の位置で起こる大潮と小潮

地球に対して月と太陽が直線上に並ぶとき、月と太陽による潮汐力が重なるため、1日の満潮と干潮の潮位差が大きくなります（大潮）。月と太陽が直角に位置するときは、互いに直角方向に引き合うため満潮と干潮の潮位差はもっとも小さくなります（小潮）。

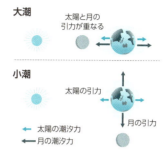

うから驚きです。日本の太平洋側の満潮と干潮の差は平均すると1.5メートル。もっとも干満差が大きいのは、佐賀県の有明海の住ノ江付近で、約5.6メートルです。

太陽も引力で海水を引っ張っている

月だけではなく、地球と太陽との間でも潮汐力は生じます。太陽の引力は月の半分ほどですが、太陽と月の位置によって、お互いの引力が重なったり打ち消し合ったりします。すると、潮の満ち引きも、大きくなったり小さくなったりするのです。

太陽と月と地球が一直線に並ぶと、引力が重なるために、満ち引きがもっとも大きくなります。これを「大潮」といい、新月や満月のときに起こります。また、月と太陽の位置が直角方向になっているときに起こるのが「小潮」です。太陽と月の潮汐力がお互いに直角方向に引き合った結果、潮の満ち引きが小さくなるのです。月が上弦、あるいは下弦、つまり半月のときに起こります。

潮の干満は自然の恵みも与えてくれますが、自然の猛威もまざまざと見せつけます。海の近くにいるときは、潮の満ち引き情報も天気と同じくらい注意するようにしたいものです。

海の塩は
どこからきているの？

この前海水浴に行った話をしたよね？ 海でお父さんに「この塩はどこからきてるの？」って聞いたんだけど、わからないって。先生ならわかる？

それを説明するためには、46億年前の地球誕生あたりから話をしないといけないね。海の成り立ちから話そうか。

そんなにさかのぼるの？ 海ってとても広いから、どこかから塩がわいてきてるんだと思ってたよ。

「しょっぱい」のもとは塩素とナトリウム

　海水には、さまざまな元素が溶けています。硫黄、マグネシウム、カルシウム、カリウム、炭素、臭素……その中でもっとも多く溶けているのが「塩素」と「ナトリウム」です。塩素とナトリウムが結合した塩化ナトリウムは、塩の主成分です。海水には100gあたりに3.4gほどの塩が溶けているので、なめるとしょっぱく感じます。

　この塩分はどこからやってきたかというと、地球が誕生したころ、46億年前くらいまでさかのぼります。太古の地球には水の海はなく、さまざまな鉱物が溶けたマグマの海でした。地表を覆う大気は水蒸気、水素、塩素などのガスでしたが、やがて地球が冷えてくる

海が誕生するまで

①誕生したばかりの地球は、岩石が溶けてできたマグマが地表を覆っていました。大気は水蒸気や炭酸ガス、塩素ガスなどです。

②地球が冷やされると水蒸気は水になり、塩素が溶けた酸性の雨となって地表に降り注ぎました。それがたまって海ができます。

③酸性の海は岩石からナトリウムを溶かし出し、塩化ナトリウム水になりました。これが塩分を含む現在の海水です。

と空気中を漂っていた水蒸気が水になり、大雨になって地上に降り注ぎます。この雨は、大気中の塩素を溶かしながら降ったため、大地には塩素を含んだ水がたまりました。これがやがて海になります。

海の塩分濃度はどこも同じ？

塩素を溶かしてできた海は、はじめは強い酸性でした。しかし、海中に沈む岩石から徐々にナトリウムをはじめとした元素が溶け出し、酸性の海は徐々に中和されていきます。こうして、塩素を多く含んだ水にナトリウムが溶け、塩化ナトリウムを含む水ができたのです。これが現在のような塩味がする海の誕生です。とてつもなく長い歴史を刻む海ですが、その塩分濃度は氷河に覆われた時期をのぞいて、あまり変わらないというから驚きです。

ただし、「塩分濃度が変わらない」というのは、地球の海全体を平均した場合の話で、地域ごとに見ると濃度には違いがあります。たとえば、雨がよく降る地域や大きな河川が流れ込む地域は、大量の淡水が入り込むために塩分濃度は低くなります。逆に、海水の蒸

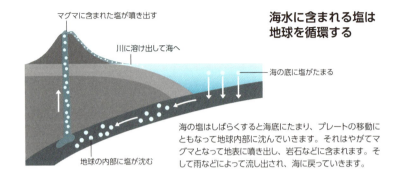

海水に含まれる塩は地球を循環する

海の塩はしばらくすると海底にたまり、プレートの移動にともなって地球内部に沈んでいきます。それはやがてマグマとなって地表に噴き出し、岩石などに含まれます。そして雨などによって流し出され、海に戻っていきます。

発量が多い熱帯地域では、塩分濃度は高くなります。

さらに、塩分濃度が高い海水は重いので海の深くまで沈んでいき、塩分濃度が低い海水は海の浅い方へ浮上するので、水深によっても塩分濃度は変わります。また、塩分濃度は太陽光で温められたり、深海で冷やされたりと温度の影響も受けて浮上と沈下を繰り返しています。そして、偏西風や海流の影響も受けて世界中を循環しています。

塩の成分は地下でも回っている！

海水の塩分は地下を回っているという話もあります。海はプレートという岩盤の上にあり、このプレートは少しずつ動いて地球内部に潜り込んでいきます。そのとき、海底にたまった塩分もいっしょに地球の内部に潜り込んでいき、高温のマグマに溶け込んでいます。そのマグマは火山の噴火によって地表に噴き出し、冷えると固まって岩になります。そして、雨水などに長い時間さらされると、やがて塩分も溶け出して川に流れ、海に戻るという循環を繰り返していると考えられています。

第6章 自然と宇宙の科学

日本ではなぜこんなに地震が起こるの？

南海トラフ地震と首都直下地震っていう大地震が30年以内に起きるかもって、テレビでやっていたよ。なんで地震は起きるのかな？

地震は地面の下にある「プレート」という岩盤がずれることによって起きる。日本列島は4つのプレートのちょうど境目に位置しているんだ。

それが地震がたくさん起きる原因？　なんだか怖くなってきたー。

地球の表面は板状の岩盤で覆われている

　地球の表面はジグソーパズルのように、十数枚の「プレート」で覆われています。

　地球を解剖すると、中心には核があり、それをマントルが包み、さらにそれを地殻が覆うという構造になっています。地殻は海や陸地がのっているところ、つまり地球の一番外側です。このうち地殻と上部マントル層は硬い板状の岩盤となっていて、これをプレートと呼びます。

　プレートがじっとしているならば、地震は起こりません。ところが、プレートは年に数センチ〜数十センチずつ動いているのです。

日本列島のまわりでぶつかる4つのプレート

日本列島周辺では、海のプレートである太平洋プレート、フィリピン海プレート、陸のプレートである北米プレート、ユーラシアプレートがぶつかり合っています。日本は4つのプレートのちょうど境目に位置していて、これが地震の多発する原因です。

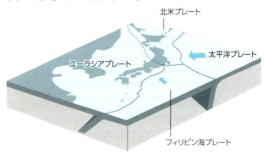

大陸プレートと海洋プレートがぶつかる

　プレートはそれぞれがバラバラな方向に動き、お互いが接し合う場所では、激しくぶつかり合います。そのとき、海から移動してくるプレート（海洋プレート）は陸のプレート（大陸プレート）の下に潜り込んでいき、大陸プレートは海洋プレートに押される格好となります。大陸プレートには元に戻ろうという力がはたらきますが、海洋プレートの押す力の方が大きく、どんどん押されていきます。すると、そこにひずみが生じます。最初は小さくとも、長い年月が続くとひずみが蓄積されていきます。そのひずみが、これ以上耐えきれないというところまで達すると、大陸プレートは一気に元の位置に戻ろうと跳ね上がるのです。このときの揺れが地震です。

日本列島の下では4つのプレートがせめぎ合う

　日本列島周辺の地下には、ユーラシアプレート、北米プレート、太平洋プレート、そしてフィリピン海プレートと4つのプレートが接し合い、互いに押し合ったり、引っ張ったりしています。世界を

地震発生のメカニズム

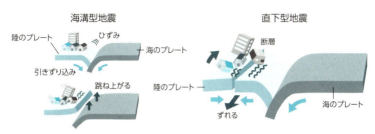

海のプレートが陸のプレートを引きずり込み、ひずみに耐え切れなくなった陸のプレートが跳ね上がったときに揺れが起こります。

プレートが押し合いを続けると、陸のプレートにひび（断層）が入ります。できた断層が急にずれ、動くために地震が起こります。

見回しても、これだけのプレートが入り組んでいる場所は珍しく、つまり日本は地震が起こりやすい国ということです。

2011年の東北地方太平洋沖地震（東日本大震災）は、陸側の北米プレートが日本海溝に沈み込んでいる太平洋プレートによって引きずられ、蓄積したひずみが開放されて発生した「海溝型地震」でした。さらに、この地震で大きくすべった陸側のプレートの海面下が変動して、巨大な津波を引き起こしたのです。

地震には海溝型地震のほかに、「直下型地震」があります。これはプレートがたわみに耐え切れず、その内部にヒビが入り、急にずれ動くために起こる地震です。このプレートがひびわれてずれが生じているところを「断層」といいます。

海溝型地震に比べて、直下型地震は規模こそ小さいものの、人の住む陸地の真下で起こるため、大きな被害を生みます。1995年の兵庫県南部地震（阪神淡路大震災）がこの直下型地震でした。今後も活動する可能性がある断層は「活断層」と呼ばれますが、日本列島にはこの活断層が2,000以上あるといわれています。

月を見るとなぜいつも ウサギが見えるの？

満月のときに月を見るとウサギが見えるけど、裏側の模様は見たことがないわ。どうなっているの？

地球からはいつも月の同じ側、ウサギの模様しか見えないんだよ。

えっ、なんで？　月は地球のまわりをぐるぐる回っているのに裏側が見えることはないの？

それには月の自転と公転の周期が関係している。自転は天体自身がぐるぐる回転すること、公転はほかの天体のまわりを周期的に回ることをいうよ。

地球からは月の表側しか見えない

　夜空にぽっかりと浮かぶ満月を眺めていると、なんとも優美で風情を感じますよね。月見という風流な風習からも、古くより日本人が月を愛でてきたことがわかります。

　満月にクッキリと浮かび上がる月の模様は、日本では餅つきをするウサギのようだといわれます。しかし、少し考えてみると、満月

月はいつも同じ面が見える

月の公転周期と自転周期は同じです。月が公転軌道上を45度動いたとすると、月自体も45度回転するので、常に同じ面が向きます。

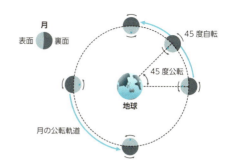

の月はいつもウサギの模様というのは不思議に思えませんか？ 宇宙から地球を見ているとしたら、いつも日本列島ばかりが見えているということになりますが、ときにはアメリカ大陸やヨーロッパが見えてもいいような気がします。

「月は自転しないから？」と、思われる方もいるかもしれませんが、それは間違い。もし自転をせずに地球のまわりを1周するとしたら、逆に裏側も見えるはずです。これは実験すると、すぐにわかります。ボールなどの球状のモノに印を付け、ボールが回転しないように手で持って自分のまわりを1周させてみてください。途中で印は見えなくなりますよね？ 次に、常に印が見えるようにボールを1周させようとすると、徐々にボール自体を回転させる必要があることがわかります。この実験と同じように、月は自転するからこそ、地球に表側だけを向けているのです。

月の自転と公転の周期は同じ

より詳しく理解するために、自転と公転の周期について説明しましょう。実は、月の自転と公転の周期はどちらも約27.3日です。もし2つの周期がずれているとしたら、地球から月の裏側が見られ

月は自転と公転の周期が同じになる

月は地球の引力を受けて引き伸ばされ、楕円球の形をしています。長くなっている長軸が地球の中心からずれると、地球の引力はそれを引っ張り、向きを戻そうとします。それで月の自転周期が調節され、公転周期と同じになります。

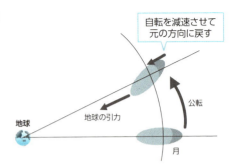

たことになります。

地球の自転周期は約24時間、公転周期は約365日と、双方に大きな差があるのに対し、月は自転と公転がピタリと同じ。これは単なる偶然ではなく、地球が月に及ぼす引力が影響しています。

月は地球の引力により、わずかに楕円形をしており、長軸を地球に垂直に向けています。もし月の自転と公転の周期に差があると長軸の角度がずれますが、その場合、地球の引力により修正される力がはたらきます。このようにして月の自転と公転の周期は一致したと考えられています。自転と公転が同一の衛星は月だけではなく、木星のガニメデやイオ、土星のタイタンなど少なくありません。

人類がはじめて月の裏側を見たのは、1959年、ソ連の無人探査機が上空から撮影した写真でした。2019年には史上はじめて、中国の無人探査機が月の裏側に着陸したことも話題になりました。こうした研究により、月の裏側は、表側より地殻が厚く、隕石の衝突によってできたクレーターででこぼこの状態であることがわかっています。もしかしたら、地球に落ちてくるはずだった隕石から、月が守ってくれたのかもしれませんね。

第6章 自然と宇宙の科学

何億光年も離れた星のことがわかるのはなぜ？

国際研究チームがブラックホールの撮影に成功したよ。ブラックホールの存在が目に見えるかたちで確認できたのは、歴史に残る成果といっていい。

はるかかなたの星のことがどうしてわかったの？やっぱり望遠鏡で見るのかな。

星は電波を出しているよ。その電波を見ることができる特別な望遠鏡があるんだ。電波望遠鏡というよ。

目では見えない星を見るために

天文学のトピックでは、数億光年も離れた天体を扱うのが日常茶飯事。それこそ天文学的に遠い場所の事象をどう観測し、撮影しているのかと疑問に感じたことのある人は多いでしょう。

一般になじみ深い天体望遠鏡は「光学式望遠鏡」といい、星などが発する可視光（目に見える光）を集めて観測します。しかし、宇宙の天体は、可視光以外にも、さまざまな波長の電磁波を発しています。レントゲン撮影に使われるX線やリモコンの赤外線、スマホやテレビなどに使われる電波……これらはすべて、可視光と同じ電磁波の仲間です。ただし、人間の目では感知できません。

光学式望遠鏡と電波望遠鏡

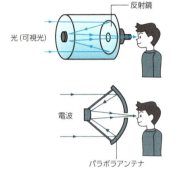

光学式望遠鏡
天体望遠鏡は、天体が放つ可視光を集めます。反射鏡の口径が大きいほど、集光力は大きくなります。

電波望遠鏡
パラボラアンテナで、天体からの電波を集めるのが電波望遠鏡です。とらえた電波を電気信号に変え、電気信号を解析して画像にします。

　もしも可視光だけでなく、ほかの電磁波も見ることができれば、肉眼ではわからない星の姿を知ることが可能になります。この発想に基づいて、電波をキャッチして天体を観測するのが、「電波望遠鏡」です。そもそも人間の目に見えない電波を可視化することで、星や星間ガス、ダストなどさまざまな物質を観測しています。

電波望遠鏡は衛星放送の受信と同じしくみ

　電波望遠鏡のしくみは、家庭で視聴する衛星放送に似ています。電波を集めるパラボラアンテナ、電波を電気信号に変えて増幅などを行う受信機、電気信号を記録する記録計で構成されます。とはいえ、宇宙の天体から届く電波はとても弱いため、設備の規模はけた違いです。巨大なアンテナが必要になり、中国にある世界最大の電波望遠鏡は直径500メートルもの大きさになります。

　電波望遠鏡の性能が向上するとともに、光では見えない銀河の動きや、星が生まれる過程がより詳しくわかってきました。ただし、人間が発する電波が多い場所では、その性能が発揮しづらいという

ブラックホールを撮影した VLBI 観測

遠い場所にある複数の電波望遠鏡の観測データを合成して、ひとつの観測データとして扱うことを VLBI（超長基線電波干渉法）観測といいます。複数の望遠鏡で同じ天体を観測すると、観測位置によって距離が違うため、微妙な時間の差が生じます。その違いを原子時計で正確に計測し、計算に組み込むことで詳細な観測を行います。

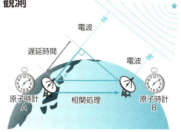

弱点が電波望遠鏡にはあります。また、天体が発するガンマ線やX線などの電磁波は、地球の大気が吸収してしまうため観測できないという課題もありました。そこで、天体望遠鏡を宇宙に打ち上げてしまおうという発想が生まれ、現在では衛星軌道上などの宇宙空間に設置された宇宙望遠鏡も重要な役割を担っています。

ついにブラックホールの撮影に成功

電波望遠鏡の発達は、銀河の成り立ちの解明に大きく貢献してきました。2019年4月には、国際プロジェクト「イベント・ホライズン・テレスコープ」が、5,500万光年かなたのM87銀河にあるブラックホールの撮影に史上はじめて成功したと発表したことが大きなニュースになりました。ブラックホールは光を発しないため、その姿をとらえるのは極めて困難でしたが、世界の6か所8つの電波望遠鏡が同時に巨大ブラックホールの姿を観測し、それぞれのデータを合成して分析する超長基線電波干渉法（VLBI）という手法により、その姿を映し出すことに成功したのです。

広大な宇宙の秘密の解明は、まだまだはじまったばかり。今後もさらなる大発見を期待しましょう。

参考文献

- 『理化学辞典』(岩波書店)
- 『電波辞典』(クリエイトクルーズ)
- 『世界一わかりやすい物理学入門 これ1冊で完全マスター!』川村康文(講談社)
- 『おとなが学び直す 物理でわかる身のまわりの疑問』川村康文(実業之日本社)
- 『図解 身近にあふれる「科学」が3時間でわかる本』左巻健男(明日香出版社)
- 『「消せるボールペン」30年の開発物語』滝田誠一郎(小学館)
- 『親子のための地震安全マニュアル 家庭で備える地震対策最新情報!』(日本出版社)
- 日本経済新聞
- 読売新聞

そのほか各団体・各メーカーホームページなど

プロフィール

川村　康文
（かわむら　やすふみ）

東京理科大学理学部第一部物理学科教授。
1959年、京都府京都市生まれ。高校物理教師を20年間務めながら、京都大学で博士（エネルギー科学）を取得。信州大学教育学部助教授、東京理科大学理学部第一部物理学科助教授・准教授を経て、現職。専門は物理教育、サイエンス・コミュニケーション。
2011年3月11日の東日本大震災を受けて"つながる思いプロジェクト"を立ち上げ、震災復興応援の科学実験教室などを出前で行っている。講演では作詞・作曲した「つながる思い」を必ず歌う「歌う大学教授」として評判。
『世界一わかりやすい物理学入門』（講談社）、『理科教育法 独創力を伸ばす理科授業』（講談社）、『たのしく学べる理科の実験・工作』（エネルギーフォーラム）など著書多数。『NHK高校講座 ベーシックサイエンス』（NHK Eテレ）の監修および出演、『すイエんサー』（NHK Eテレ）の理科実験監修および出演などでも活動する。

イラスト図解
日常の「？(ナゼ)」をぜんぶ科学で解き明かす本

2019年7月31日　初版第1刷発行

監　修　川村康文（東京理科大学理学部教授）
発行人　塩見正孝
発行所　株式会社 三才ブックス
　　　　〒101-0041
　　　　東京都千代田区神田須田町2-6-5 OS`85ビル 3階
　　　　電話　03-3255-7995（代表）
　　　　FAX　03-5298-3520

編　集　インパクト
イラスト　うかいえいこ／山口ヒロフミ
装　丁　PUSH（森 茂樹）
ＤＴＰ　松下知弘
校　正　聚珍社
印刷・製本　大日本印刷株式会社

ISBN 978-4-86673-138-4 C0040
三才ブックス©2019

本書の無断複写（コピー、スキャンなど）は著作権法上の例外を除いて禁じられています。
定価はカバーに表記してあります。
乱丁本、落丁本は購入書店明記のうえ、小社販売部までお送りください。
送料小社負担にてお取り替えいたします。